“十三五”国家重点出版物出版规划项目

现代电子战技术丛书

目标热特征控制技术

Target Thermal Characteristics Control Technology

路远　杨星　吕相银　冯云松　著

国防工業出版社

·北京·

图书在版编目(CIP)数据

目标热特征控制技术/路远等著. —北京:国防工业出版社,2022.3

(现代电子战技术丛书)

ISBN 978-7-118-12484-2

Ⅰ.①目… Ⅱ.①路… Ⅲ.①热控制 Ⅳ.①TK124

中国版本图书馆 CIP 数据核字(2022)第 036859 号

※

国防工业出版社出版发行

(北京市海淀区紫竹院南路 23 号　邮政编码 100048)

天津嘉恒印务有限公司印刷

新华书店经售

*

开本 710×1000　1/16　**印张** 11¼　**字数** 190 千字

2022 年 3 月第 1 版第 1 次印刷　**印数** 1—1500 册　**定价** 98.00 元

国防书店:(010)88540777　　书店传真:(010)88540776

发行业务:(010)88540717　　发行传真:(010)88540762

“现代电子战技术丛书”编委会

新时代的电子战与电子战的新时代

广义上讲，电子战领域也是电子信息领域中的一员或者叫一个分支。然而，这种“广义”而言的貌似其实也没有太多意义。如果说电子战想用一首歌来唱响它的旋律的话，那一定是《我们不一样》。

的确，作为需要靠不断博弈、对抗来“吃饭”的领域，电子战有着太多的特殊之处——其中最为明显、最为突出的一点就是，从博弈的基本逻辑上来讲，电子战的发展节奏永远无法超越作战对象的发展节奏。就如同谍战片里面的跟踪镜头一样，再强大的跟踪人员也只能做到近距离跟踪而不被发现，却永远无法做到跑到跟踪目标的前方去跟踪。

换言之，无论是电子战装备还是其技术的预先布局必须基于具体的作战对象的发展现状或者发展趋势、发展规划。即便如此，考虑到对作战对象现状的把握无法做到完备，而作战对象的发展趋势、发展规划又大多存在诸多变数，因此，基于这些考虑的电子战预先布局通常也存在很大的风险。

总之，尽管世界各国对电子战重要性的认识不断提升——甚至电磁频谱都已经被视作一个独立的作战域，电子战（甚至是更为广义的电磁频谱战）作为一种独立作战样式的前景也非常乐观——但电子战的发展模式似乎并未由于所受重视程度的提升而有任何改变。更为严重的问题是，电子战发展模式的这种“惰性”又直接导致了电子战理论与技术方面发展模式的“滞后性”——新理论、新技术为电子战领域带来实质性影响的时间总是滞后于其他电子信息领域，主动性、自发性、仅适用

于本领域的电子战理论与技术创新较之其他电子信息领域也进展缓慢。

凡此种种，不一而足。总的来说，电子战领域有一个确定的过去，有一个相对确定的现在，但没法拥有一个确定的未来。通常我们将电子战领域与其作战对象之间的博弈称作“猫鼠游戏”或者“魔道相长”，乍看这两种说法好像对于博弈双方一视同仁，但殊不知无论“猫鼠”也好，还是“魔道”也好，从逻辑上来讲都是有先后的。作战对象的发展直接能够决定或“引领”电子战的发展方向，而反之则非常困难。也就是说，博弈的起点总是作战对象，博弈的主动权也掌握在作战对象手中，而电子战所能做的就是在作战对象所制定规则的“引领下”一次次轮回，无法跳出。

然而，凡事皆有例外。而具体到电子战领域，足以导致“例外”的原因可归纳为如下两方面。

其一，“新时代的电子战”。

电子信息领域新理论新技术层出不穷、飞速发展的当前，总有一些新理论、新技术能够为电子战跳出“轮回”提供可能性。这其中，颇具潜力的理论与技术很多，但大数据分析与人工智能无疑会位列其中。

大数据分析为电子战领域带来的革命性影响可归纳为**“有望实现电子战领域从精度驱动到数据驱动的变革”**。在采用大数据分析之前，电子战理论与技术都可视作是围绕“测量精度”展开的，从信号的发现、测向、定位、识别一直到干扰引导与干扰等诸多环节，无一例外都是在不断提升“测量精度”的过程中实现综合能力提升的。然而，大数据分析为我们提供了另外一种思路——只要能够获得足够多的数据样本（样本的精度高低并不重要），就可以通过各种分析方法来得到远高于“基于精度的”理论与技术的性能（通常是跨数量级的性能提升）。因此，可以看出，大数据分析不仅仅是提升电子战性能的又一种技术，而是有望改变整个电子战领域性能提升思路的顶层理论。从这一点来看，该技术很有可能为电子战领域跳出上面所述之“轮回”提供一种途径。

人工智能为电子战领域带来的革命性影响可归纳为**“有望实现电子战领域从功能固化到自我提升的变革”**。人工智能用于电子战领域则催生出认知电子战这一新理念，而认知电子战理念的重要性在于，它不仅仅让电子战具备思考、推理、记忆、想象、学习等能力，而且还有望让认知电子战与其他认知化电子信息系统一起，催生出一种新的战法，

即“智能战”。因此，可以看出，人工智能有望改变整个电子战领域的作战模式。从这一点来看，该技术也有可能为电子战领域跳出上面所述之“轮回”提供一种备选途径。

总之，电子信息领域理论与技术发展的新时代也为电子战领域带来无限的可能性。

其二，“电子战的新时代”。

自1905年诞生以来，电子战领域发展到现在已经有100多年历史，这一历史远超雷达、敌我识别、导航等领域的发展历史。在这么长的发展历史中，尽管电子战领域一直未能跳出“猫鼠游戏”的怪圈，但也形成了很多本领域专有的、与具体作战对象关系不那么密切的理论与技术积淀，而这些理论与技术的发展相对成体系、有脉络。近年来，这些理论与技术已经突破或即将突破一些“瓶颈”，有望将电子战领域带入一个新的时代。

这些理论与技术大致可分为两类：一类是符合电子战发展脉络且与电子战发展历史一脉相承的理论与技术，例如，网络化电子战理论与技术（网络中心电子战理论与技术）、软件化电子战理论与技术、无人化电子战理论与技术等；另一类是基础性电子战技术，例如，信号盲源分离理论与技术、电子战能力评估理论与技术、电磁环境仿真与模拟技术、测向与定位技术等。

总之，电子战领域100多年的理论与技术积淀终于在当前厚积薄发，有望将电子战带入一个新的时代。

本套丛书即是在上述背景下组织撰写的，尽管无法一次性完备地覆盖电子战所有理论与技术，但组织撰写这套丛书本身至少可以表明这样一个事实——有一群志同道合之士，已经发愿让电子战领域有一个确定且美好的未来。

一愿生，则万缘相随。

愿心到处，必有所获。

杨小牛

2018年6月

杨小牛，中国工程院院士。

PREFACE

前 言

自然界一切温度高于热力学零度的物体时刻都在发出热辐射。这种热辐射都载有物体本身固有的特征信息,这就为探测和识别各种目标提供了客观基础。由于地球上各种物体发出的热辐射能量主要集中在红外波段,因此,自英国天文学家赫舍尔(Herschel)在1800年发现红外线以来,以红外波段为主的热辐射理论和技术迅速发展了起来,并在国民经济、国防军事和科学研究中得到了广泛的应用。

热辐射理论和技术在国防中的应用主要体现在红外探测、红外侦察、红外搜索、红外预警、红外跟踪和红外制导等领域。尤其是红外成像侦察和制导有许多显著的优点:它能提供二维图像信息,采用计算机图像信息处理实现制导智能化,具有高灵敏度、高空间分辨率、大动态范围的特点;适合鉴别多目标,制导精度高,隐蔽性好,抗干扰能力和全天候作战能力强,能选择目标要害部位攻击,具有在复杂背景下捕获、识别、锁定和跟踪目标的自动决策能力。美军的红外成像侦察卫星、机载红外前视系统、无人机载红外侦察装备、红外夜视装备已广泛用于侦察和作战。显然所有这些红外装备的应用都是以目标的热辐射特征为前提的,为了降低对方利用红外技术装备对己方目标造成威胁,对目标的热辐射特征进行控制就成为非常重要的一种技术手段,这种技术手段实质上就是一种红外低可探测技术。红外低可探测技术是目标为减少其自身的热特征暴露迹象,利用某种方法降低或改变目标的热辐射特性,降低目标与背景之间的对比度,以减小目标被敌方的红外探测器探测的概率,从而达到保护自己的目的的技术。这种低可探测技术在20世纪60年代以前尚处于探索时期;在20世纪60~70年代即进入了全面发展时期,

由基础理论研究阶段进入工程实用；从20世纪80年代开始，国外研制的新式武器装备已经广泛采用了红外低可探测技术，红外低可探测技术由此进入了成熟应用期。

在传统的红外低可探测技术中，对温度的控制主要集中在相变材料、大热惯量和大热容材料的研究上，无法实现温度的实时控制。在环境温度变化时，由于器材本身的升降温跟不上背景的温度变化，这些本为实现红外低可探测目的的器材往往反而成了一种暴露的目标。在周围环境和背景处于时刻变化状态下，常规的针对特定环境和背景的红外低可探测技术和器材不能确保被保护目标全时刻和全天候相融合的效果。只有对目标表面热辐射特征进行实时控制，才能真正实现目标在红外波段全天时的低可探测性。

实时控制目标表面热辐射特征最有效的办法就是对其表面的温度进行实时控制。控制温度的措施主要有压缩机制冷和热电制冷两种方式。压缩机制冷技术是机械式的，体积大，制冷制热速度慢，实时快速反应性能较差。热电制冷技术不需要任何制冷剂，也不需要复杂的机械部件，既能制冷，又能制热，而且热惯性非常小，温度变化能够实现较好的快速反应，通过输入电流的控制，可实现高精度的温度控制，再加上温度检测和控制手段，很容易实现遥控、程控、计算机控制，便于组成自动控制系统。由于这些优点，它非常适合应用于目标表面温度的实时控制，进而能够实时控制目标表面热特征，实现目标热特征控制技术。它可以通过调整目标的辐射温度使目标与背景的红外特征相融合或者使目标失去本身的红外特征，从而达到红外融合或者红外变形的目的。这种热特征控制技术适合于保护高价值地面重要目标，达到对高价值目标红外自动防护的目的。

热特征控制技术应用于红外自动防护时，探测系统不断探测周围背景的红外辐射和防护系统的红外辐射，经过对比分析后，防护系统调节表面的温度分布，使其红外辐射同周围背景的红外辐射特征差异保持在足够小的范围内，实现目标与背景红外特征全时刻和全天候相融合的控制效果，使敌方的红外成像侦察和制导系统无法探测到目标。作者自21世纪初即已从事目标热特征实时控制技术研究，先后主持或参与完成多项国家研究项目，在此领域积累了大量第一手资料，并发表了一系列研究论文。作者整理多年研究成果出版此书，旨在系统地阐述目标热特征实时控制基本原理和技术实现等方面的内容，为红外低可探测技术提供有益探索，使从事目标热特征控制的研究人员以及立志于该领域研究的研究生有所参考。

本书围绕着目标热特征控制的基本原理和实现，分五个部分共五章进行了系统全面的讨论。第1章全面分析了目标红外辐射产生、传输和接收的基本原理和规律；第2章阐述了目标热特征控制的原理、方法和系统构成；第3章讨论用于热特征控制的变温器件的设计及试验分析；第4章讨论控制系统的工作原理、系统设

计和模块构成;第5章讨论目标热控制系统在各种条件下的试验结果和数据分析。

从21世纪初开始,国防科技大学电子对抗学院(原解放军电子工程学院)凌永顺院士一直对作者从事本书所涉及的研究工作给予精心指导和大力支持。在本书的撰写过程中,也始终得到他的热情鼓励和支持。同时中国科学院安徽光学精密机械研究所龚知本院士对作者的研究工作提出了非常宝贵的意见和建议。十几年来,本书作者的研究工作也一直得到原解放军电子工程学院领导和同事们的大力支持和帮助,尤其是孙晓泉教授、时家明教授和杨华教授给予了作者诸多的支持和帮助。同时,北京航天发射技术研究所的韦学中高级工程师、王丽伟工程师、余慧娟工程师也对作者的研究工作提出了有益建议。在此对他们的支持、关心和帮助表示衷心感谢!本书在撰写过程中参考了诸多有价值的中外文献,在此对文献的作者表示诚挚的谢意。

由于本书内容较新,有些问题还在进一步研究之中,加之作者水平有限,难免存在缺点和不足之处,恳请专家、读者不吝指正和赐教。

作　者

2021年2月

CONTENTS

目 录

Contents

第 1 章

热特征基础

1.1 热辐射与热特征

1.1.1 热辐射

1. 电磁波谱与热辐射

所有的目标都有红外辐射，这些辐射都与热相关，又称热辐射，通常温度高的物体辐射强，温度低的物体辐射弱。热辐射在物体上表现为一定的分布，就形成了物体的热特征。热特征是发现和识别目标的基础。辐射是物体以光的形式向外发出能量的过程，常称为电磁辐射或电磁波。一般而言，辐射的能量特征可以用普朗克(Planck)光量子假说予以解释，而其传播特征可以由麦克斯韦(Maxwell)电磁场理论来解释。电磁辐射的波长范围很广，从长达数百米的无线电波到小于 10^{-14}m 的宇宙射线，图 1.1 给出了各种电磁波的波长分布，其中我们把波长范围处于 0.75～1000μm 的电磁辐射称为红外辐射。这些射线不仅产生的原因各不相同，而且性质也各异，由此构成了围绕辐射过程展开的广泛的技术领域。本书仅仅对由物质的热运动而产生的电磁辐射感兴趣，并把这类电磁辐射称为热辐射。物体的温度只要高于热力学零度(0K)就会发出热辐射，它包含了所有的电磁波长范围。

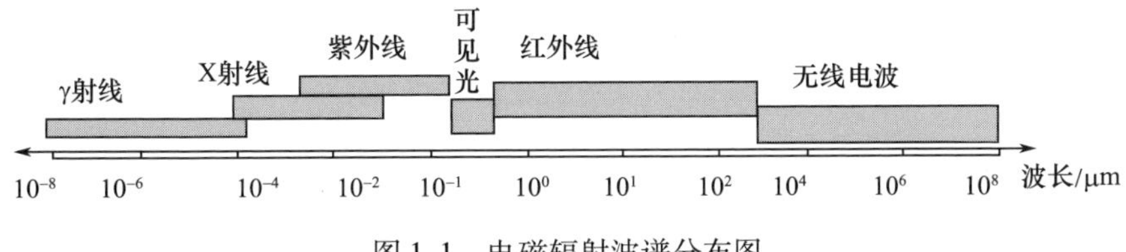

图 1.1 电磁辐射波谱分布图

真空中，频率为 v 的电磁波，波长为 λ，真空中的光速为 c，则

$$\lambda v = c \tag{1.1}$$

介质中,频率为 v',波长为 λ,光速为 c',则

$$\lambda v' = c' \tag{1.2}$$

由式(1.1)和式(1.2),可得

$$\lambda = \frac{c}{c'}\lambda' = n\lambda' \tag{1.3}$$

式中:n 为介质对真空的折射率,$n = c/c'$。同一频率的电磁波,在介质中的波长是真空中波长的 $1/n$。

在光谱学中,为了方便,通常用波长来标志红外辐射、可见光和紫外线。描述红外辐射时,波长的单位通常用微米(μm)表示,光谱学中其他常用的单位是纳米(nm),在红外光谱学中,电磁波除了用波长 λ 和频率ν等参数表示以外,还经常用波数 $\tilde{v}$ 来表示。如果电磁辐射在真空中的波长用米(m)表示,则波长值的倒数就是波数值,即

$$\tilde{v} = \frac{1}{\lambda} \tag{1.4}$$

在国际单位制中,波数的单位是 m^{-1},它的意义相当于在真空中1m长的路程上包含有多少个波长的数值。波数和频率的关系为

$$\tilde{v} = \frac{v}{c} \tag{1.5}$$

波数和频率成正比,波数大小同样可反映频率的高低。

电磁辐射具有波粒二象性,因此电磁辐射除了作为电磁波遵守上述波动规律之外,还以光量子的形式存在。通常把电磁辐射看成分离的微粒集合,这种微粒称为光子。一个光子具有的能量为

$$\varepsilon = hv \tag{1.6}$$

式中:h 为普朗克常数,$h = (6.626176 \pm 0.000036) \times 10^{-34}\,\mathrm{J \cdot s}$。

光子能量与波长和波数的关系为

$$\varepsilon = \frac{hc}{\lambda} = hc\tilde{v} \tag{1.7}$$

光子的能量与波长成反比,与波数成正比。

光子的能量还常用电子伏特(eV)来表示,1eV的能量是指在真空中一个自由电子在1V的电位差加速下所获得的动能。

电子伏特与焦耳(J)的换算关系为

$$1\mathrm{eV} = 1.6021892 \times 10^{-19}\mathrm{J}$$

2. 红外辐射的波段划分

红外辐射存在于自然界的任何一个角落，一切温度高于绝对零度的有生命和无生命的物体时时刻刻都在不停地辐射红外线。太阳是红外线的巨大辐射源，整个星空都是红外线源，而地球表面，无论是高山大海，还是森林湖泊，甚至是冰川湿地，都在日夜不断地辐射红外线。特别是活动在地面、水面和空中的军事装置，如坦克、车辆、军舰、飞机等，由于它们有高温部位，往往都是强红外辐射源。这些相应的形成了各种目标的热特征。

在红外技术领域中，通常把整个红外辐射光谱区按波长分为四个波段，如表1.1所列。

表1.1　红外辐射光谱区划分

波段	近红外	中红外	远红外	极远红外
波长/μm	0.75～3	3～6	6～15	15～1000

表1.1中的划分方法基本上是考虑了红外辐射在地球大气层中的传输特性而确定的。例如，前三个波段中，每一个波段都至少包含一个大气窗口。所谓大气窗口，是指在这一波段内，大气对红外辐射基本上是透明的，如图1.2所示。可以看出，在近红外波长为0.75～3μm时有几个大气窗口，在中红外的一个大气窗口波长为3～5μm，在远红外的大气窗口波长为8～14μm。

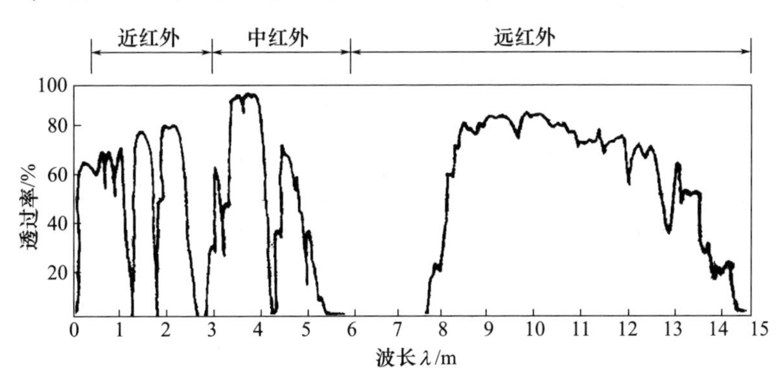

图1.2　红外大气窗口

另外，在光谱学中，根据红外辐射产生的机理不同，红外辐射按波长分为三个区域。

（1）近红外区（0.75～2.5μm），对应原子能级之间的跃迁和分子振动泛频区的振动光谱带；

（2）中红外区（2.5～25μm），对应分子转动能级和振动能级之间的跃迁；

(3) 远红外区(25～1000μm),对应分子转动能级之间的跃迁。

1.1.2 常用辐射量

在热辐射和红外辐射的研究中定义了一些反映物体热辐射性能的物理量,它们是辐射出射度和辐射强度。

1. 辐射能和辐射能密度

所谓辐射能,就是以电磁波的形式发射、传输或接收的能量,用 Q 表示,单位是(J)。辐射场内单位体积中的辐射能称为辐射能密度,用 ω 表示,单位是 $J/m^3$①,其定义为

$$w = \frac{\partial Q}{\partial V} \tag{1.8}$$

式中:V 为体积,单位是立方米(m^3)。

因为辐射能还是波长、面积、立体角等许多因素的函数,所以 ω 和 Q 的关系用 Q 对 V 的偏微分来定义。

2. 辐射功率

辐射功率就是发射、传输或接收辐射能的时间速率,用 P 表示,单位是 W,其定义为

$$P = \frac{\partial Q}{\partial t} \tag{1.9}$$

式中:t 为时间,单位是秒(s)。

辐射功率 P 与辐射通量 Φ 混用,为同一个物理概念的不同表述。辐射在单位时间内通过某一个面积的辐射能称为经过该面积的辐射通量,辐射通量也称为辐通量。

3. 辐射强度

辐射强度是描述点辐射源特性的辐射量。所谓点源,是指其物理尺寸可以忽略不计,理想上将其抽象为一个点的辐射源。否则,就是扩展源。真正的点源是不存在的。在实际情况下,能否把辐射源看成是点源,不在于辐射源的真实物理尺寸,而在于它相对于观测者(或探测器)所张的立体角度。距地面遥远的一颗星体,它的真实物理尺寸可能很大,但是我们却可以把它看作是点源。同一辐射源,在不同场合,可以是点源,也可以是扩展源。喷气式飞机的尾喷口,在 1km 以外处观测,可以作为点源处理,而在 3m 处观测,就表现为一个扩展源。一般地讲,只要

① 编者注:较复杂单位为不显过于烦琐,本书不再加注中文名,读者可自行查阅其他文献理解。

在比辐射源的最大尺寸大10倍的距离处观测，辐射源就可视为一个点源。判断标准是探测器的尺寸和辐射源像的尺寸之间的关系：如果像比探测器小，辐射源可以认为是一个点源；如果像比探测器大，则辐射源可认为是一个扩展源。

辐射源在某一个方向上的辐射强度是指辐射源在包含该方向的单位立体角内所发出的辐射功率，用I表示。

如图1.3所示，若一个点源在围绕某指定方向的小立体角元$\Delta\Omega$内发射的辐射功率为ΔP，则ΔP与$\Delta\Omega$之比的极限就是辐射源在该方向上的辐射强度，即

$$I=\lim_{\Delta\Omega\to 0}\left(\frac{\Delta P}{\Delta\Omega}\right)=\frac{\partial P}{\partial\Omega} \tag{1.10}$$

辐射强度是辐射源所发射的辐射功率在空间分布特性的描述。或者说，它是辐射功率在某方向上的角密度的度量。按定义，辐射强度的单位是W/sr。

辐射强度对整个发射立体角的积分，就可得到辐射源发射的总辐射功率P，即

$$P=\int_{\Omega}I\mathrm{d}\Omega \tag{1.11}$$

对于各向同性的辐射源，I等于常数，则由式(1.11)可得$P=4\pi I$，对于辐射功率在空间分布不均匀的辐射源，一般说来，辐射强度与方向有关，因此计算起来比较烦琐。

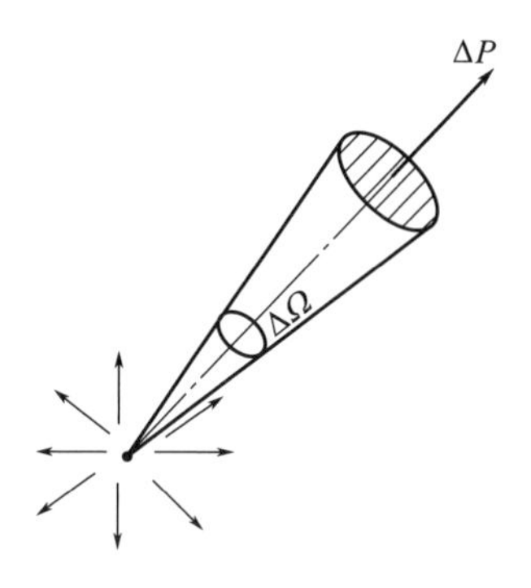

图1.3　辐射强度的定义

4. 辐射出射度

辐射出射度简称辐出度，是描述扩展源辐射特性的量。辐射源单位表面积向半球空间（2π立体角）内发射的辐射功率称为辐射出射度，用M表示。

如图1.4所示，若面积为A的扩展源上围绕x点的一个小面元ΔA，向半球空间内发射的辐射功率为ΔP，则ΔP与ΔA之比的极限值就是该扩展源在x点的辐射出射度，即

$$M=\lim_{\Delta A\to 0}\left(\frac{\Delta P}{\Delta A}\right)=\frac{\partial P}{\partial A} \tag{1.12}$$

辐射出射度是扩展源所发射的辐射功率在源表面分布特性的描述。或者说，它是辐射功率在某一点附近面密度的度量。按定义，辐射出射度的单位是 W/m^2。

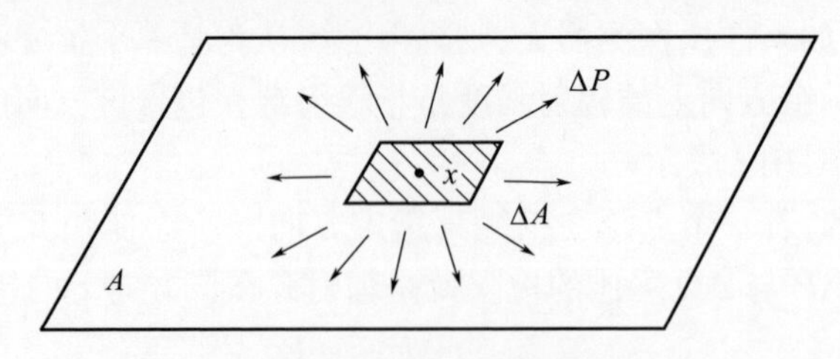

图 1.4　辐射出射度的定义

对于发射不均匀的辐射源表面，表面上各点附近将有不同的辐射出射度。一般地讲，辐射出射度 M 是源表面上位置 x 的函数。辐射出射度 M 对源发射表面积 A 的积分，就是该辐射源发射的总辐射功率，即

$$P = \int_A M \mathrm{d}A \tag{1.13}$$

如果辐射源表面的辐射出射度 M 为常数，则它所发射的辐射功率为 $P = MA$。

5. 辐射亮度

辐射亮度简称辐亮度，是描述扩展源辐射特性的量。由前面定义可知，辐射强度，可以描述点源在空间不同方向上的辐射功率分布，而辐射出射度 M 可以描述扩展源在源表面不同位置上的辐射功率分布。辐射源在某一个方向上的辐射亮度是指在该方向上的单位投影面积向单位立体角中发射的辐射功率，用 L 表示。

如图 1.5 所示，若在扩展源表面上某点 x 附近取一个小面元 ΔA，该面积向半球空间发射的辐射功率为 ΔP。如果进一步考虑，在与面元 ΔA 的法线 n 夹角为 θ 的方向上取一个小立体角元 $\Delta\Omega$，那么，从面元 ΔA 向立体角元 $\Delta\Omega$ 内发射的辐射通量是二级小量 $\Delta P(\Delta P) = \Delta^2 P$，则由 ΔA 向 θ 方向发出的辐射（也就是在 θ 方向观察到来自 ΔA 的辐射），在 θ 方向上看到的面元 ΔA 的有效面积，即投影面积为

$$\Delta A_\theta = \Delta A \cos\theta \tag{1.14}$$

所以，在 θ 方向的立体角元 ΔQ 内发出的辐射，就等效于从辐射源的投影面积 ΔA_θ上发出的辐射。因此，在 θ 方向观测到的辐射源表面上位置 x 处的辐射亮度，就是 $\Delta^2 P$ 比 ΔA_θ的极限值，即

$$L = \lim_{\substack{\Delta A \to 0 \\ \Delta\Omega \to 0}} \left(\frac{\Delta^2 P}{\Delta A_\theta \Delta\Omega}\right) = \frac{\partial^2 P}{\partial A_\theta \partial\Omega} = \frac{\partial^2 P}{\partial A \partial\Omega \cos\theta} \tag{1.15}$$

这个定义表明：辐射亮度是扩展源辐射功率在空间分布特性的描述，辐射亮度

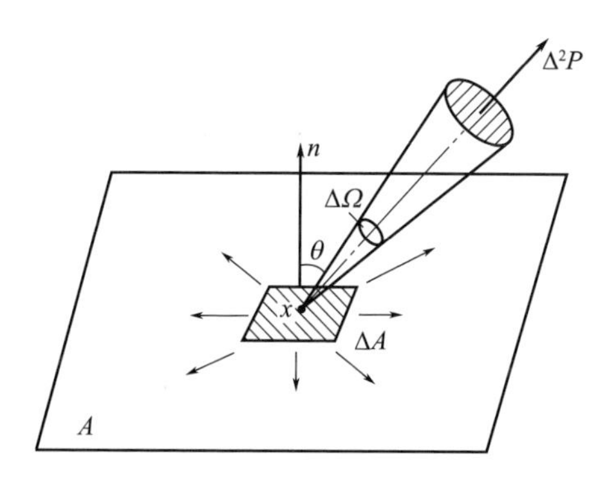

图 1.5　辐射亮度的定义

的单位是 $\mathrm{W/(m^2 \cdot sr)}$。

一般来说，辐射亮度的大小应该与源面上的位置 x 及方向 θ 有关。

既然辐射亮度 L 和辐射出射度 M 都是表征辐射功率在表面上的分布特性，而 M 是单位面积向半球空间发射的辐射功率，L 是单位表观面积向特定方向上的单位立体角发射的辐射功率，所以我们可以根据定义得出两者之间的关系。

由图 1.5 可知，小面元 $\mathrm{d}A$ 在 θ 方向上的小立体角元 $\Delta\Omega$ 内发射的辐射功率为 $\mathrm{d}^2P = L\cos\theta\mathrm{d}\Omega\mathrm{d}A$，所以，$\mathrm{d}A$ 向半球空间发射的辐射功率可以通过对立体角积分得到，即

$$\mathrm{d}P = \int_{\text{半球空间}} \mathrm{d}^2P = \int_{2\pi\text{球面度}} L\cos\theta\mathrm{d}\Omega\mathrm{d}A \tag{1.16}$$

根据 M 的定义，可以得到 L 与 M 的关系式，为

$$M = \frac{\mathrm{d}P}{\mathrm{d}A} = \int_{2\pi\text{球面度}} L\cos\theta\mathrm{d}\Omega \tag{1.17}$$

在定义辐射强度时特别强调，辐射强度是描述点源辐射空间角分布特性的物理量。同时指出，只有当辐射源面积（严格讲，应该是空间尺度）比较小时，才可将其看成是点源。

此时，将这类辐射源称为小面源或微面源。可以说，小面源是具有一定尺度的“点源”，它是联系理想点源和实际面源的一个重要的概念。对于小面源而言，它既有点源特性的辐射强度，又有面源的辐射亮度。

利用小面积元 ΔA 的概念，可以将描述面源的辐射亮度 L 与描述点源的辐射强度 I 联系起来，有

$$L = \frac{\partial}{\partial A\cos\theta}\left(\frac{\partial P}{\partial \Omega}\right) = \frac{\partial I}{\partial A\cos\theta} \tag{1.18}$$

和

$$I = \int_{\Delta A} L\mathrm{d}A\cos\theta \tag{1.19}$$

如果小面源的辐射亮度 L 不随位置变化(由于小面源 ΔA 面积较小,通常可以不考虑 L 随 ΔA 的位置变化),则小面源的辐射强度为

$$I = L\Delta A\cos\theta \tag{1.20}$$

即小面源在空间某一方向上的辐射强度等于该面源的辐射亮度乘以小面源在该方向上的投影面积(或表观面积)。

6. 辐射照度

为了描述一个物体表面被辐照的程度,在辐射度学中,引入辐射照度的概念。被照表面的单位面积上接收到的辐射功率称为该被照射处的辐射照度。辐射照度简称为辐照度,用 E 表示。

如图 1.6 所示,若在被照表面上围绕 x 点取小面元 ΔA,投射到 ΔA 上的辐射功率为 ΔP,则表面上 x 点处的辐射照度为

$$E = \lim_{\Delta A \to 0}\left(\frac{\Delta P}{\Delta A}\right) = \frac{\partial P}{\partial A} \tag{1.21}$$

辐射照度的数值是投射到表面上每单位面积的辐射功率,辐射照度的单位是 $\mathrm{W/m^2}$。

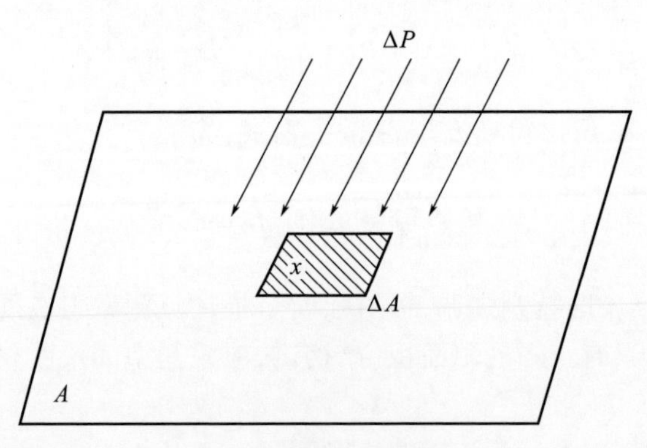

图 1.6　辐射照度的定义

一般说来,辐射照度与 x 点在被照面上的位置有关,而且与辐射源的特性及相对位置有关。辐射照度和辐射出射度具有同样的单位,它们的定义式相似,但应注意它们的差别:辐射出射度描述辐射源的特性,它包括了辐射源向整个半球空间发射的辐射功率;辐射照度描述被照表面的特性,它可以是由一个或数个辐射源投射的辐射功率,也可以是来自指定方向的一个立体角中投射来的辐射功率。

1.1.3 光谱辐射量

以上所描述的六个基本辐射量都只考虑了辐射功率的几何分布特征，并没有明确指出这些辐射功率是在怎样的波长范围内发射的。实际上，自任何一个辐射源发出的辐射，或投射到一个表面上的辐射功率，均有一定的波长分布范围（或光谱特性）。因此，已讨论过的基本辐射量均应有相应的光谱辐射量。而且，在红外物理和红外技术中也往往要考虑这些反映光谱特性的光谱辐射量。

以上所讨论过的六个基本辐射量事实上是默认为包含了波长 $\lambda(0\sim\infty)$ 的全部辐射的辐射量，因此把它们称为全辐射量。如果我们关心的是在某特定波长 λ 附近的辐射特性，那么，就可以在指定波长 λ 处取一个小的波长间隔 $\Delta\lambda$，在此小波长间隔内的辐射量 X 的增量 ΔX 与 $\Delta\lambda$ 之比的极限，就定义为相应的光谱辐射量，于是，可以定义前面各种量的光谱辐射量。

光谱辐射功率为

$$P_\lambda = \lim_{\Delta\lambda\to 0}\left(\frac{\Delta P}{\Delta\lambda}\right) = \frac{\partial P}{\partial\lambda} \tag{1.22}$$

光谱辐射强度为

$$I_\lambda = \lim_{\Delta\lambda\to 0}\left(\frac{\Delta I}{\Delta\lambda}\right) = \frac{\partial I}{\partial\lambda} \tag{1.23}$$

光谱辐射出射度为

$$M_\lambda = \lim_{\Delta\lambda\to 0}\left(\frac{\Delta M}{\Delta\lambda}\right) = \frac{\partial M}{\partial\lambda} \tag{1.24}$$

光谱辐射亮度为

$$L_\lambda = \lim_{\Delta\lambda\to 0}\left(\frac{\Delta L}{\Delta\lambda}\right) = \frac{\partial L}{\partial\lambda} \tag{1.25}$$

光谱辐射照度为

$$E_\lambda = \lim_{\Delta\lambda\to 0}\left(\frac{\Delta E}{\Delta\lambda}\right) = \frac{\partial E}{\partial\lambda} \tag{1.26}$$

1.2 辐射度量的基本规律

1.2.1 朗伯余弦定律

红外辐射源大都不是定向发射辐射的，而且它们所发射的辐射通量在空间的角分布并不均匀,往往有很复杂的角分布。

在生活实践中有这样的现象,即对于一个磨得很光或镀得很好的反射镜,当有一束光入射到它上面时,反射的光线具有很好的方向性,只有恰好逆着反射光线的方向观察时,才感到十分耀眼,这种反射称为镜面反射。然而,对于一个表面粗糙的反射体(如毛玻璃),其反射的光线没有方向性,在各个方向观察时,感到没有什么差别,这种反射称为漫反射。对于理想的漫反射体,所反射的辐射功率的空间分布为

$$\Delta^2 P = B\cos\theta\Delta A\Delta\Omega \tag{1.27}$$

也就是说,理想反射体单位表面积向空间某方向单位立体角反射(发射)的辐射功率和该方向与表面法线夹角的余弦成正比。这个规律就称为朗伯余弦定律。式(1.27)中 B 是一个与方向无关的常数。凡遵守朗伯余弦定律的辐射表面称为朗伯面,相应的辐射源称为朗伯源或漫辐射源。

虽然朗伯余弦定律是一个理想化的概念,但是实际遇到的许多辐射源,在一定的范围内都十分接近于朗伯余弦定律的辐射规律。大多数绝缘材料表面,在相对于表面法线方向的观察角不超过60°时,都遵守朗伯余弦定律。导电材料表面虽然有较大的差异,但在工程计算中,在相对于表面法线方向的观察角不超过50°时,也能运用朗伯余弦定律。

1. 朗伯辐射源的辐射亮度

由辐射亮度的定义式(1.18)和朗伯余弦定律的表达式(1.27),可以得出朗伯辐射源的辐射亮度的表达式为

$$L = \lim_{\substack{\Delta A \to 0 \\ \Delta\Omega \to 0}} \frac{\Delta^2 P}{\cos\theta\Delta A\Delta\Omega} = B \tag{1.28}$$

式(1.28)表明朗伯辐射源的辐射亮度是一个与方向无关的常量。这是因为辐射源的表观面积随表面法线与观测方向夹角的余弦而变化,而朗伯源的辐射功率的角分布又遵守余弦定律,所以观测到辐射功率大的方向,所看到的辐射源的表观面积也大。两者之比,即辐射亮度,与观测方向无关。

2. 朗伯辐射源的特征

如图1.7所示,设面积 ΔA 很小的朗伯辐射源的辐射亮度为 L,该辐射源向空间某一方向与法线所成角度为 θ,$\Delta\Omega$ 立体角内的辐射功率为

$$\Delta^2 P = L\Delta A\cos\theta\Delta\Omega \tag{1.29}$$

由于该辐射源面积很小,可以看成是小面源,可用辐射强度度量其辐射空间特性。因为该辐射源的辐射亮度在各个方向上相等,则与法线成 θ 角方向上的辐射

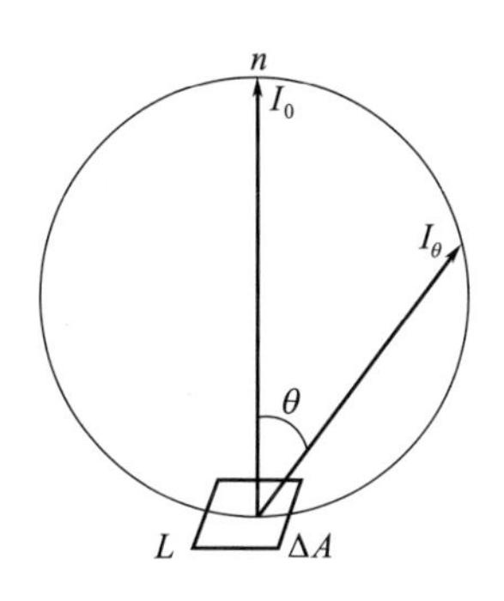

图1.7 朗伯辐射源的特征

强度为

$$I_\theta = \frac{\Delta^2 P}{\Delta \Omega} = L\ \Delta A \cos\theta = I_0 \cos\theta \tag{1.30}$$

式中:I_0 为其法线方向上的辐射强度,$I_0 = L\ \Delta A$。

式(1.30)表明,各个方向上辐射亮度相等的小面源,在某一个方向上的辐射强度等于这个面垂直方向上的辐射强度乘以方向角的余弦,就是朗伯余弦定律的最初形式。

式(1.30)可以描绘出朗伯辐射源的辐射强度分布曲线,如图1.8所示,它是一个与发射面相切的整圆形。在实际应用中,为了确定一个辐射面或漫反射面接近理想朗伯面的程度,通常可以测量其辐射强度分布曲线。如果辐射强度分布曲线很接近图1.8所示的形状,我们就可以认为它是一个朗伯面。

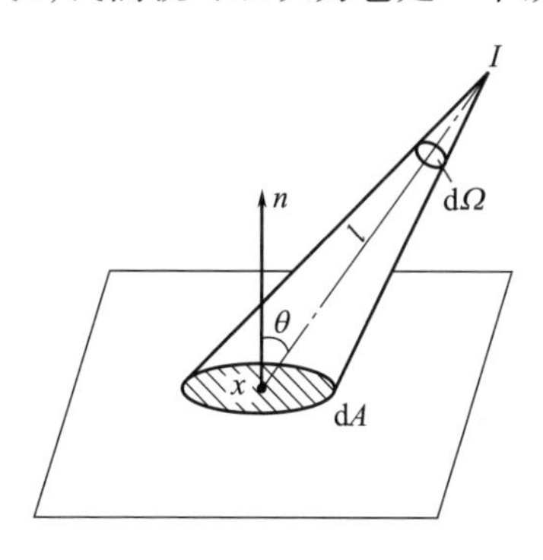

图1.8 点源产生的辐射照度

3. 朗伯辐射源的 L 与 M 关系

根据辐射亮度和辐射出射度的定义,可以知道辐射出射度 M 与辐射亮度 L 的关系为

$$M = \frac{\mathrm{d}P}{\mathrm{d}A} = \int_{2\pi球面度} L\cos\theta \mathrm{d}\Omega \tag{1.31}$$

在一般情况下，如果不知道 L 与方向角 θ 的明显函数关系，就无法由 L 计算出 M。但是，对于朗伯辐射源而言，L 与 θ 无关，于是 L 与 M 的关系为

$$M = L\int_{2\pi球面度} \cos\theta \mathrm{d}\Omega \tag{1.32}$$

因为球坐标的立体角元 $\mathrm{d}\Omega = \sin\theta \mathrm{d}\theta \mathrm{d}\varphi$，所以有

$$M = L\int \cos\theta \mathrm{d}\Omega = L\int_0^{2\pi} \mathrm{d}\varphi \int_0^{\frac{\pi}{2}} \cos\theta \sin\theta \mathrm{d}\theta = \pi L \tag{1.33}$$

利用这个关系，可使辐射量的计算大为简化。

4. 朗伯小面源的 I、M 的相互关系

对于朗伯小面源，由于 L 值为常数，有

$$I = L\cos\theta \Delta A \tag{1.34}$$

利用 $M = \pi L$，有如下关系，即

$$I = L\cos\theta \Delta A = \frac{M}{\pi}\cos\theta \Delta A \tag{1.35}$$

$$L = \frac{M}{\pi} = \frac{I}{\Delta A \cos\theta} \tag{1.36}$$

$$M = \pi L = \frac{\pi I}{\Delta A \cos\theta} \tag{1.37}$$

对于朗伯小面源，可利用这些关系式简化运算。

1.2.2 距离平方反比定律

距离平方反比定律是描述点源（或小面源）的辐射强度 I 与其所产生的辐射照度 E 之间的关系。如图 1.8 所示，设点源的辐射强度为 I，它与被照面上 x 点处面积元 $\mathrm{d}A$ 的距离为 l，$\mathrm{d}A$ 的法线与 x 的夹角为 θ，则投射到 $\mathrm{d}A$ 上的辐射功率为 $\mathrm{d}P = I\mathrm{d}\Omega = I\mathrm{d}A\cos\theta/l^2$。所以，点源在被照面上 x 点处产生的辐射照度为

$$E = \frac{\mathrm{d}P}{\mathrm{d}A} = \frac{I\cos\theta}{l^2} \tag{1.38}$$

式（1.38）表明，一个辐射强度为 I 的点源，在距离它 l 处且与辐射线垂直的平面上产生的辐射照度与这个辐射源的辐射强度成正比，与距离的平方成反比，这个结论称为照度与距离平方反比定律。如果平面与射线不垂直，则必须乘以平面法线与射线之间的夹角的余弦，称为照度的余弦法则。

1.2.3 互易定理

如图1.9所示,设有两个面积分别为A_1和A_2的均匀朗伯辐射面,其辐射亮度分别为L_1和L_2。现考查这两个朗伯面之间的辐射能量传递。为此在A_1和A_2上分别取面积元ΔA_1和ΔA_2,两者相距为l,θ_1和θ_2和分别为ΔA_1和ΔA_2的法线与l的夹角。ΔA_2从ΔA_1接收到的辐射功率为

$$\Delta P_{1\to 2}=\frac{L_1\cos\theta_1\cdot\cos\theta_2\cdot\Delta A_1\cdot\Delta A_2}{l^2} \tag{1.39}$$

而ΔA_1从ΔA_2接收到的辐射功率为

$$\Delta P_{2\to 1}=\frac{L_2\cos\theta_1\cdot\cos\theta_2\cdot\Delta A_1\cdot\Delta A_2}{l^2} \tag{1.40}$$

于是,两朗伯面所接收的辐射功率之比为

$$\frac{\Delta P_{1\to 2}}{\Delta P_{2\to 1}}=\frac{L_1}{L_2} \tag{1.41}$$

式(1.41)表明两面元所传递的辐射功率之比等于两辐射面的辐射亮度之比。由于ΔA_1和ΔA_2可以看成是由许多面元组成的,且每一对组合的面元都具有上述性质,因此,对于整个表面,有

$$\frac{P_{1\to 2}}{P_{2\to 1}}=\frac{\sum\Delta P_{1\to 2}}{\sum\Delta P_{2\to 1}}=\frac{L_1}{L_2} \tag{1.42}$$

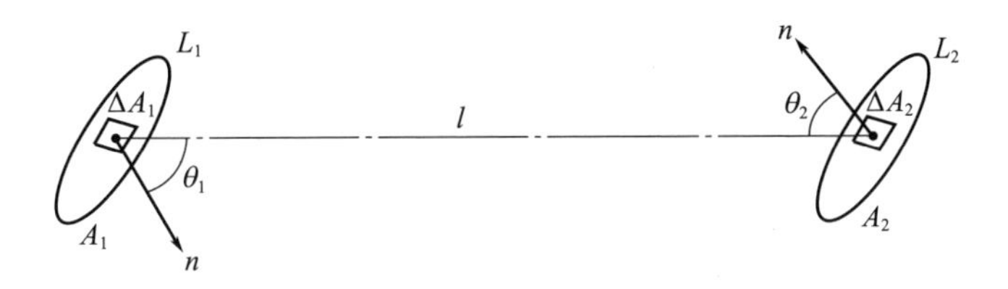

图1.9 互易定理

式(1.42)称为互易定理。互易定理在辐射传输计算中有广泛的用途,某些情况下,使用互易定理可使计算大为简化。

1.2.4 立体角投影定理

如图1.10所示,小面源的辐射亮度为L,小面源和被照面的面积分别为ΔA_s和

ΔA,两者相距为 l,θ_s 和 θ 分别为 ΔA_s 和 ΔA 的法线与 l 的夹角。小面源 ΔA_s 在 θ_s 方向的辐射强度为 $I = L\Delta A_s \cos\theta_s$。利用距离平方反比定律,可写出 ΔA_s 在 ΔA 所产生的辐射照度为

$$E = \frac{I\cos\theta}{l^2} = L\frac{\Delta A_s \cos\theta_s \cos\theta}{l^2} \tag{1.43}$$

因为 ΔA_s 对 ΔA 所张开的立体角 $\Delta\Omega_s = \Delta A_s \cos\theta_s / l^2$,则

$$E = L\Delta\Omega_s \cos\theta \tag{1.44}$$

式(1.44)称为立体角投影定理,即 ΔA_s 在 ΔA 所产生的辐射照度等于 ΔA_s 的辐射亮度与 ΔA_s 对 ΔA 所张的立体角以及被照面 ΔA 的法线和 l 夹角的余弦三者的乘积。

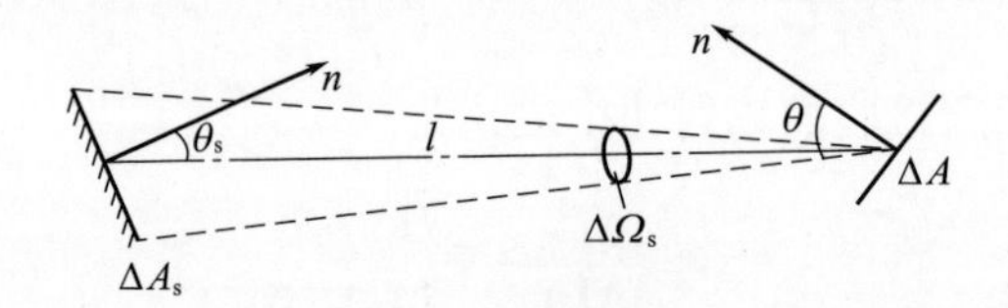

图 1.10　立体角投影定理

当 $\theta_s = \theta = 0°$时,即 ΔA_s 与 ΔA 相互平行且垂直于两者的连线时,$E = L\Delta\Omega_s$。若 l 一定,ΔA_s 的周界一定,则 ΔA_s 在 ΔA 上所产生的辐射照度与 ΔA_s 的形状无关,如图 1.11所示。此定理可使许多具有复杂表面的辐射源所产生的辐射照度的计算变得较为简单。

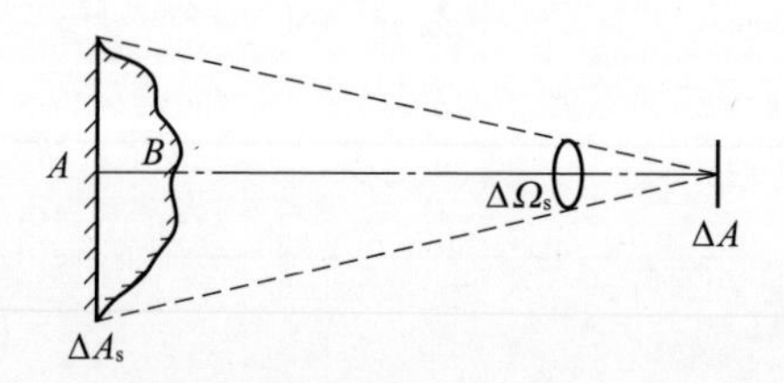

图 1.11　不同形状的辐射源对 ΔA 所产生的辐射照度

1.2.5　扩展源产生的辐射照度

设有一个朗伯大面积扩展源(如在室外工作的红外装置面对的天空背景),其各处的辐射亮度均相同。我们来讨论在面积为 A_d 的探测器表面上的辐射照度。如图 1.12 所示,设探测器半视场角为 θ_0,在探测器视场范围内(扩展源被看到的那部分)的辐射源面积为 $A_s = \pi R^2$,该辐射源与探测器之间的距离为 l,且辐射源表

面与探测器表面平行，所以 $\theta_s = \theta_0$。

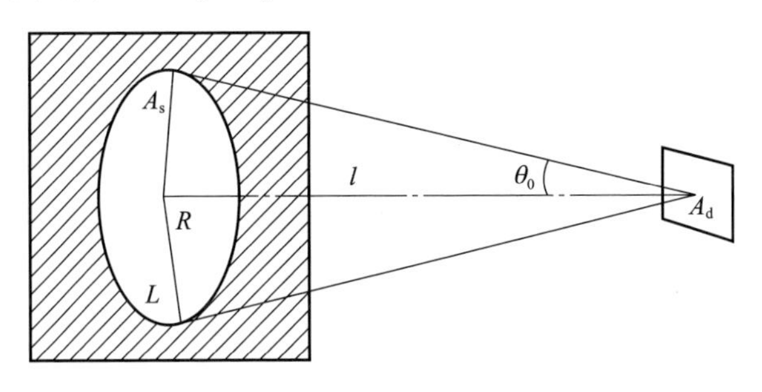

图 1.12　大面积扩展源产生的辐照度

计算可以利用角系数的概念进行计算，角系数的物理意义：从一微面元发出，被另一微面元接收的辐射功率与微面元发射的总辐射功率的比值。对于图 1.13 中所示情况，辐射源盘对探测器的角系数为

$$F_{s\to d} = \frac{A_d}{A_s} \cdot \frac{R^2}{l^2 + R^2} \tag{1.45}$$

于是，从辐射源 A_s 发出再被 A_d 接收的辐射功率为

$$P_{s\to d} = F_{s\to d} A_s \pi L = \frac{A_d}{A_s} \cdot A_s \pi L \cdot \frac{R^2}{l^2 + R^2} = A_d \pi L \cdot \frac{R^2}{l^2 + R^2} \tag{1.46}$$

则大面积扩展源在探测器表面上产生的辐射照度为

$$E = \frac{P_{s\to d}}{A_d} = \pi L \frac{R^2}{l^2 + R^2} = \pi L \sin^2\theta_0 \tag{1.47}$$

对朗伯辐射源，$M = \pi L$，式(1.47)也可写为

$$E = M \sin^2\theta_0 \tag{1.48}$$

由此可见，大面积扩展源在探测器上产生的辐射照度，与辐射源的辐出度或者辐射亮度成正比，与探测器的半视场角 θ_0 的正弦平方成正比。如果探测器视场角达到 π，辐射源面积又充满整个视场（如在室外工作的红外装置面对的天空背景），则在探测器表面上产生的辐射照度等于辐射源的辐出度，即当 $2\theta_0 = \pi$ 时，$E = M$，这是一个很重要的结论。

下面利用以上结论讨论一下将辐射源作为小面源（点源）的近似条件和误差。

从图 1.12 可得

$$\sin^2\theta_0 = \frac{R^2}{l^2 + R^2} \tag{1.49}$$

包含在探测器视察范围内的辐射源面积为 $A_s = \pi R^2$，所以式(1.47)可改写为

$$E = L\frac{A_s}{l^2 + R^2} \tag{1.50}$$

若假设 A_s 小到可以近似为小面源（点源），则它在探测器上产生的辐射照度，可由距离平方反比定律得到

$$E_0 = L\frac{A_s}{l^2} \tag{1.51}$$

所以，从式（1.50）和式（1.51）得到将辐射源看作小面源（点源）的相对误差为

$$\frac{E_0 - E}{E} = \left(\frac{R}{l}\right)^2 = \tan^2\theta_0 \tag{1.52}$$

式中：E 为精确计算给出的扩展源产生的辐射照度；E_0 为将扩展源当作小面源（点源）近似时得到的辐射照度。

如果 $(R/l) \leqslant 1/10$，即当 $l \geqslant 10R$（$\theta_0 \leqslant 5.7°$）时，有

$$\frac{E_0 - E}{E} \leqslant \frac{1}{100} \tag{1.53}$$

式（1.53）表明，如果辐射源的线度（最大尺寸）不大于辐射源与被照面之间距离的10%时，或者辐射源对探测器所张的半视场角 $\theta_0 \leqslant 5.7°$，可将扩展源作为小面源来进行计算，所得到的辐射照度与精确计算值的相对误差将小于1%。

1.2.6 总功率定律

红外辐射同其他电磁波一样投射到物体表面时，会被物体吸收、反射和透射。如图1.13所示，如果单位时间投射到物体表面的辐射能量，如投射到某介质表面上的辐射功率为 P_i，其中一部分 P_ρ 被表面反射，另一部分 P_α 被介质吸收。如果介质是部分透明的，就会有一部分辐射功率 P_τ 从介质中透射过去。由能量守恒定律，有

$$P_i = P_\rho + P_\alpha + P_\tau \tag{1.54}$$

按照总功率进行归一化，有

$$1 = \frac{P_\rho}{P_i} + \frac{P_\alpha}{P_i} + \frac{P_\tau}{P_i} \tag{1.55}$$

其中，反射率、吸收率和透射率的定义如下。

反射率为

$$\rho = \frac{P_\rho}{P_i} \tag{1.56}$$

吸收率为

$$\alpha = \frac{P_{\alpha}}{P_{i}} \tag{1.57}$$

透射率为

$$\tau = \frac{P_{\tau}}{P_{i}} \tag{1.58}$$

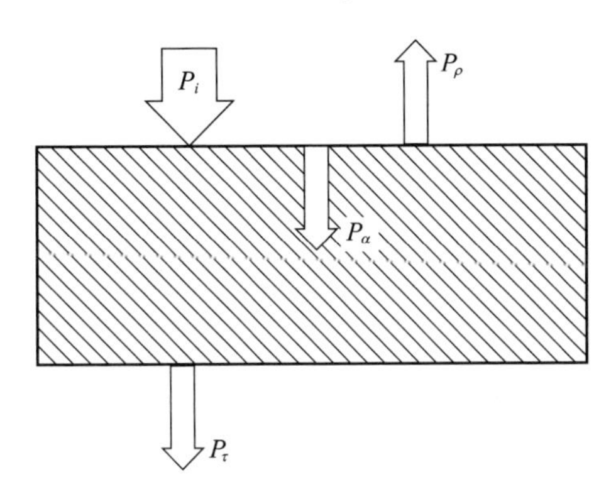

图1.13 入射辐射在介质上的反射、吸收和透射

反射率、吸收率和透射率与介质的性质(如材料的种类、表面状态和均匀性等)和温度有关。

对于大多数的固体和液体,透过率 $\tau=0$,则

$$\rho + \alpha = 1 \tag{1.59}$$

如果红外辐射不能穿过固体和液体,于是可以把它们的吸收和反射视为一个表面过程,它们自身辐射也应在表面完成。因此,发生在固体和液体上的热辐射是一个表面过程。

如果投射到介质上的辐射是光谱量,则可以得到如下公式。

光谱反射率为

$$\rho(\lambda) = \frac{P_{\rho\lambda}}{P_{i\lambda}} \tag{1.60}$$

光谱吸收率为

$$\alpha(\lambda) = \frac{P_{\alpha\lambda}}{P_{i\lambda}} \tag{1.61}$$

光谱透射率为

$$\tau(\lambda) = \frac{P_{\tau\lambda}}{P_{i\lambda}} \tag{1.62}$$

光谱量同样满足总功率定律。

1.2.7 朗伯定律和朗伯比耳定律

1. 朗伯定律

辐射在介质内传播时产生衰减的主要原因有两个:介质对辐射的吸收和散射。假设介质对辐射只有吸收作用,我们来讨论辐射的传播规律。如图 1.14 所示,设有一平行辐射束在均匀(不考虑散射)的吸收介质内传播距离为 dx 后,其辐射功率减少 dP。试验证明,被介质吸收掉的辐射功率的相对值 dP/P 与通过的路程 dx 成正比,即

$$-\frac{\mathrm{d}P}{P} = a\mathrm{d}x \tag{1.63}$$

式中:a 为介质的吸收系数;负号表示 dP 是从 P 中减少的量。

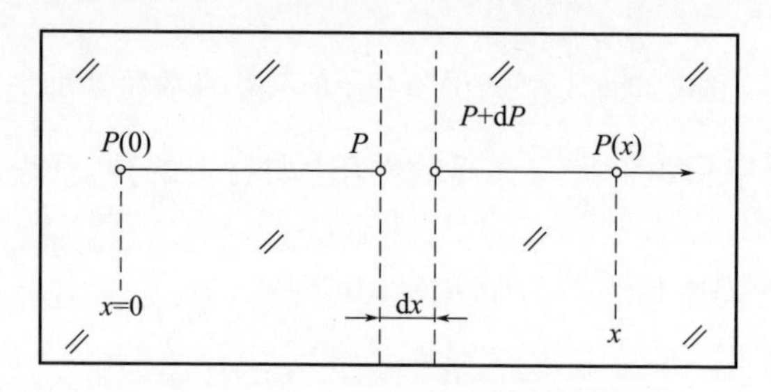

图 1.14　辐射在吸收介质内的传播

将式(1.63)从 0 ~ x 积分,得到在 x 点处的辐射功率为

$$P(x) = P(0)\mathrm{e}^{-ax} \tag{1.64}$$

式中:$P(0)$ 为在 $x=0$ 处的辐射功率。

式(1.64)也称为吸收定律,它表明,辐射功率在传播过程中,由于介质的吸收,数值随传播距离增加按照指数规律衰减。

介质的吸收系数一般与辐射的波长有关。对于光谱辐射功率,可以把吸收定律表示为

$$P_\lambda(x) = P_\lambda(0)\mathrm{e}^{-a(\lambda)\cdot x} \tag{1.65}$$

式中:$a(\lambda)$ 为光谱吸收系数。

通常,将比值 $P_\lambda(x)/P_\lambda(0)$ 称为介质的内透射率。由式(1.65)不难得到内透

射率为

$$\tau_i(\lambda)=\frac{P_\lambda(x)}{P_\lambda(0)}=\mathrm{e}^{-a(\lambda)\cdot x} \tag{1.66}$$

内透射率表征在介质内传播一段距离 x 后,透射过去的辐射功率所占原辐射功率的百分数。

图1.15所示的是具有两个表面的介质的投射情形。设介质表面①的透射率为 $\tau_1(\lambda)$,表面②的透射率为 $\tau_2(\lambda)$。对表面①有 $P_{\tau\lambda}(0)=\tau_1(\lambda)P_{i\lambda}$。若表面①和表面②的反射率比较小,且只考虑在表面②上的第一次透射(不考虑在表面②与表面①之间来回反射所产生的各项透射),则

$$P_{\tau\lambda}=\tau_2(\lambda)P_\lambda(x) \tag{1.67}$$

于是,得到介质的透射率为

$$\begin{aligned}\tau(\lambda)&=\frac{P_{\tau\lambda}}{P_{i\lambda}}=\frac{\tau_2(\lambda)P(x)}{P_\lambda(0)/\tau_1(\lambda)}=\tau_1(\lambda)\cdot\tau_2(\lambda)\frac{P_\lambda(x)}{P_\lambda(0)}\\&=\tau_1(\lambda)\cdot\tau_2(\lambda)\cdot\tau_i(\lambda)\end{aligned} \tag{1.68}$$

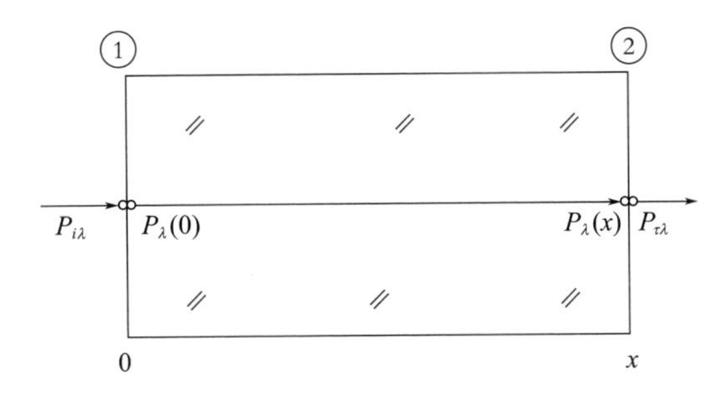

图1.15 辐射在两个表面的介质中传输

式(1.68)可以看出,介质的透射率 $\tau(\lambda)$ 等于两个表面的透射率 $\tau_1(\lambda)$、$\tau_2(\lambda)$ 和内透射率 $\tau_i(\lambda)$ 的乘积。

导致衰减的另一个主要原因是散射。假设介质中只有散射作用,我们来讨论辐射在介质中的传输规律。设有一个功率为 P_λ 的平行单色辐射束,入射到包含许多微粒的非均匀介质上,如图1.16所示。由于介质中微粒的散射作用,使一部分辐射偏离原来的传播方向,因此,在介质内传播 $\mathrm{d}x$ 后,继续在原来方向上传播的辐射功率(通过 $\mathrm{d}x$ 之后透射的辐射功率)$P_{\tau\lambda}$ 比原来入射功率 P_λ 衰减少了 $\mathrm{d}P_\lambda$,试验证明,辐射衰减的相对值 $\mathrm{d}P_\lambda/P_\lambda$ 与在介质中通过的距离 $\mathrm{d}x$ 成正比,即

$$-\frac{\mathrm{d}P_\lambda}{P_\lambda}=\gamma(\lambda)\mathrm{d}x \tag{1.69}$$

式中：$\gamma(\lambda)$称为散射系数；负号表示 $\mathrm{d}P_\lambda$ 是从 P 中减少的量。散射系数与介质内微粒（或称散射元）的大小和数目以及散射介质的性质有关。

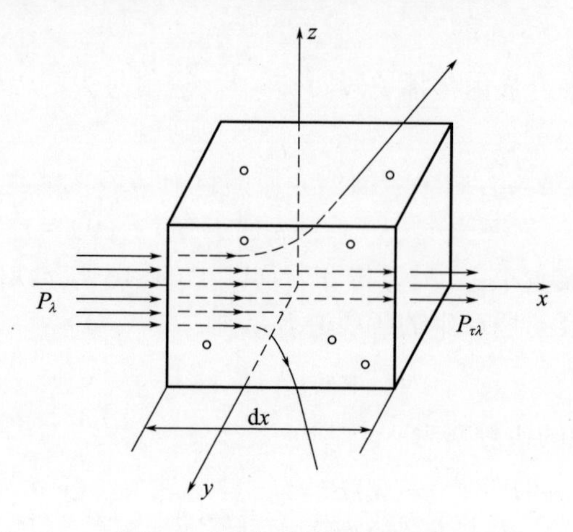

图 1.16　辐射在介质内的散射

如果把式(1.69)从 0 ~ x 积分，则

$$P_\lambda(x) = P_\lambda(0)\mathrm{e}^{-\gamma(\lambda)\cdot x} \tag{1.70}$$

式中：$P_\lambda(0)$为在 $x=0$ 处的辐射功率；$P_\lambda(x)$为在只有散射的介质内通过距离 x 后的辐射功率。介质的散射作用，也使辐射功率按指数规律随传播距离增加而减少。

以上我们分别讨论了介质只有吸收或只有散射作用时，辐射功率的传播规律。只考虑吸收的内透射率 $\tau'_i(\lambda)$和只考虑散射的内透射率 $\tau''_i(\lambda)$的表达式分别为

$$\tau'_i(\lambda) = \frac{P'_\lambda(x)}{P_\lambda(0)} = \mathrm{e}^{-a(\lambda)\cdot x} \tag{1.71}$$

$$\tau''_i(\lambda) = \frac{P''_\lambda(x)}{P_\lambda(0)} = \mathrm{e}^{-\gamma(\lambda)\cdot x} \tag{1.72}$$

如果在介质内同时存在吸收和散射作用，并且认为这两种衰减机理彼此无关。那么，总的内透射率应该为

$$\tau_i(\lambda) = \frac{P_{\tau\lambda}(x)}{P_{i\lambda}(0)} = \tau'_i(\lambda)\cdot\tau''_i(\lambda) = \exp\{-[a(\lambda)+\gamma(\lambda)]x\} \tag{1.73}$$

于是，我们可以写出，在同时存在吸收和散射的介质内，功率为 $P_{i\lambda}$ 的辐射束传播距离为 x 的路程后，透射的辐射功率为

$$P_{\tau\lambda}(x) = P_{i\lambda}(0)\exp\{-[a(\lambda)+\gamma(\lambda)]x\} = P_{i\lambda}(0)\exp[-K(\lambda)x] \tag{1.74}$$

式中：$K(\lambda) = a(\lambda)+\gamma(\lambda)$为介质的消光系数。式(1.74)也称为朗伯定律。

2. 朗伯比耳定律

在讨论吸收现象时,比较方便的办法是用引起吸收的个别单元来讨论。假设在一定的条件下,每个单元的吸收不依赖于吸收元的浓度。则吸收系数就正比于单位程长上所遇到的吸收元的数目,即正比于这些单元的浓度 n_a,可以写为

$$a(\lambda)=a'(\lambda)n_a \tag{1.75}$$

式中:$a'(\lambda)$(通常是波长的函数)为单位浓度的吸收系数。式(1.75)也称为比耳定律。

用同样的方法,散射系数可以写为

$$\gamma(\lambda)=\gamma'(\lambda)n_\gamma \tag{1.76}$$

式中:n_γ 为散射元的浓度;$\gamma'(\lambda)$ 为单元浓度的散射系数。

因为 $a'(\lambda)$ 和 $\gamma'(\lambda)$ 具有面积的量纲,所以又称为吸收截面和散射截面。

应用这些定义,可以把朗伯定律式(1.74)写为

$$P_{\tau\lambda}(x)=P_{i\lambda}(0)\exp\{-[a'(\lambda)n_a+\gamma'(\lambda)n_\gamma]x\} \tag{1.77}$$

式(1.77)也称为朗伯比耳定律,该定律表明:在距离表面为 x 的介质内透射的辐射功率将随介质内的吸收元和散射元的浓度的增加而以指数规律衰减。

1.2.8 辐射亮度定理

1. 辐射在均匀无损耗介质中传播时辐射亮度不变

如图1.17所示,一辐射束在均匀无损耗介质中传播,在传播路程上任取两点 P_1 和 P_2,相距 l。过两点作两面元 dA_1 和 dA_2,若面元 dA_1 的辐射亮度为 L_1,则由 dA_1 发出并到达 dA_2 的辐射功率为

$$dP_1=L_1dA_1\cos\theta_1d\Omega_1=L_1A_1\cos\theta_1\cdot\left(\frac{dA_2\cos\theta_2}{l^2}\right) \tag{1.78}$$

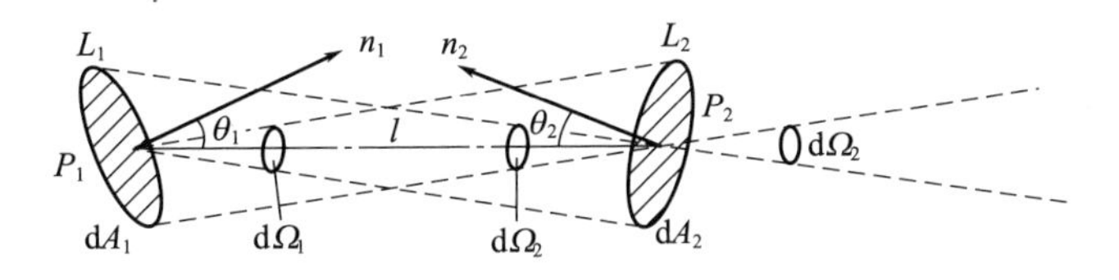

图1.17　均匀无损耗介质中辐射的传播

由于辐射在无损耗的介质中传播,因此 dA_2 接收到的辐射功率 $dP_2=dP_1$,假设 dA_2 的辐射亮度为 L_2,由辐射亮度的定义,可知

$$L_2 = \frac{\mathrm{d}P_2}{\mathrm{d}A_2\cos\theta_2\mathrm{d}\Omega_2} = \frac{L_1\mathrm{d}A_1\cos\theta_1 \cdot (\mathrm{d}A_2\cos\theta_2/l^2)}{\mathrm{d}A_2\cos\theta_2\mathrm{d}\Omega_2}$$

$$= L_1\frac{\mathrm{d}A_1\cos\theta_1 \cdot (\mathrm{d}A_2\cos\theta_2/l^2)}{\mathrm{d}A_2\cos\theta_2 \cdot (\mathrm{d}A_1\cos\theta_1/l^2)} = L_1 \tag{1.79}$$

由于 $\mathrm{d}A_1$ 和 $\mathrm{d}A_2$ 为任意取的两个面元,因此上述结论对一般情况成立。即辐射在均匀无损耗介质中传播时,辐射亮度不变。

2. 辐射亮度定理

定义 L/n^2 为辐射束的基本辐射亮度,其中 n 为介质的折射率。辐射亮度定理的基本含意是指当辐射光束通过任意无损耗的光学系统时,辐射束的基本辐射亮度不变。

如图 1.18 所示,设两种介质的折射率为 n_1 和 n_2,介质表面的反射率 $\rho=0$,在两介质交界面上取面积元 $\mathrm{d}A$,辐射亮度为 L_1 的一束辐射与 $\mathrm{d}A$ 法线之间的夹角为 θ_1,这束辐射在 $\mathrm{d}\Omega_1$ 立体角内入射到 $\mathrm{d}A$ 表面上的辐射功率为

$$\mathrm{d}^2P_1 = L_1\mathrm{d}A\cos\theta_1\mathrm{d}\Omega_1 \tag{1.80}$$

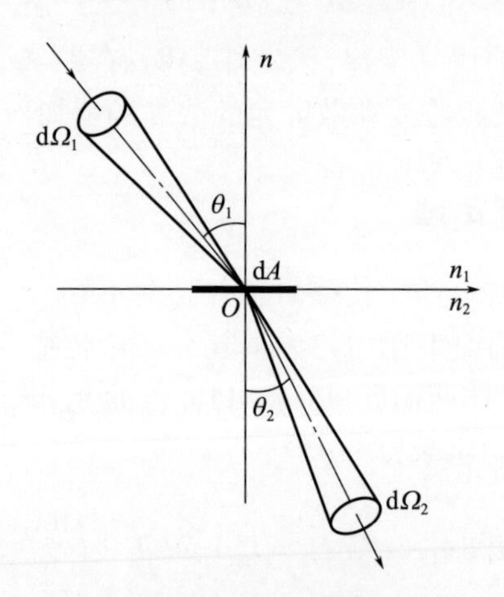

图 1.18 基本辐射亮度守恒

设想 $\mathrm{d}A$ 在折射率为 n_2 的介质中,通过 $\mathrm{d}A$ 输出的辐射功率为

$$\mathrm{d}^2P_2 = L_2\mathrm{d}A\cos\theta_2\mathrm{d}\Omega_2 \tag{1.81}$$

由已知条件可知,辐射束在两介质表面折射时无损耗,则

$$\mathrm{d}^2P_1 = \mathrm{d}^2P_2 \tag{1.82}$$

并有

$$\frac{L_2}{L_1} = \frac{\cos\theta_1\mathrm{d}\Omega_1}{\cos\theta_2\mathrm{d}\Omega_2} \tag{1.83}$$

利用球坐标系,有

$$\frac{\mathrm{d}\Omega_1}{\mathrm{d}\Omega_2}=\frac{\sin\theta_1\mathrm{d}\theta_1\mathrm{d}\varphi_1}{\sin\theta_2\mathrm{d}\theta_2\mathrm{d}\varphi_2} \tag{1.84}$$

根据折射定律,入射线、法线和折射线在同一个平面内,所以 $\mathrm{d}\varphi_1=\mathrm{d}\varphi_2=\mathrm{d}\varphi$,且入射角和折射角满足

$$n_1\sin\theta_1=n_2\sin\theta_2 \tag{1.85}$$

对式(1.85)微分后,可得

$$n_1\cos\theta_1\mathrm{d}\theta_1=n_2\cos\theta_2\mathrm{d}\theta_2 \tag{1.86}$$

利用以上这些关系,我们可以得到

$$\frac{L_1}{n_1^2}=\frac{L_2}{n_2^2} \tag{1.87}$$

式(1.87)表明辐射通过不同折射率无损耗介质表面时,基本辐射亮度是守恒的。从而可以断定,当辐射通过光学系统时,在辐射方向上沿视线测量的每一点的基本辐射亮度是不变的。

如果介质表面的反射率 $\rho\neq0$,则式(1.87)应改写为

$$\frac{L_1}{n_1^2}(1-\rho)=\frac{L_2}{n_2^2} \tag{1.88}$$

1.3 黑体辐射的基本规律

1.3.1 基尔霍夫定律

基尔霍夫定律是热辐射理论的基础之一。它指出一个好的吸收体必然是一个好的发射体。如图 1.19 所示,任意物体 A 置于一个等温腔内,腔内为真空。物体 A 在腔内同时吸收和发射,最后物体 A 将与腔壁达到同一温度 T,这时物体 A 与空腔达到了热平衡状态。在热平衡状态下,物体 A 发射的辐射功率必等于它所吸收的辐射功率,否则物体 A 将不能保持温度 T。于是有

$$M=\alpha E \tag{1.89}$$

式中:M 为物体 A 的辐射出射度;α 为物体 A 的吸收率;E 为物体 A 上的辐射照度。式(1.89)又可写为

$$\frac{M}{\alpha}=E \tag{1.90}$$

式(1.90)表明,物体的辐射出射度 M 与物体吸收率 α 的比值与物体本身的性质无关。

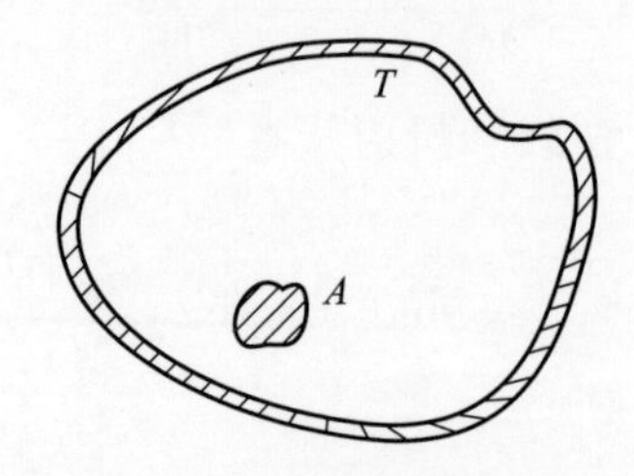

图 1.19　等温腔内的物体

式(1.90)就是基尔霍夫定律的一种表达形式,即在热平衡条件下,物体的辐射出射度与其吸收率的比值等于空腔中的辐射照度,这与物体的性质无关。物体的吸收率越大,则它的辐射出射度也越大,即好的吸收体必是好的发射体。

对于不透明的物体,透射率为零,则 $\alpha = 1 - \rho$,其中 ρ 为物体的反射率。这表明好的发射体必是弱的反射体。

式(1.90)用光谱量可表示为

$$\frac{M_\lambda}{\alpha_\lambda} = E_\lambda \tag{1.91}$$

1.3.2　密闭空腔的辐射为黑体的辐射

所谓黑体(或绝对黑体),是指在任何温度下能够全部吸收任何波长入射辐射的物体。按此定义,黑体的反射率和透射率均为零,吸收率等于 1,即

$$\alpha_{\mathrm{bb}} = \alpha_{\lambda\mathrm{bb}} = 1 \tag{1.92}$$

式中:下角标 bb 特指黑体。

黑体是一个理想化的概念,在自然界中并不存在真正的黑体。然而,一个开有小孔的空腔就是一个黑体的模型。如图 1.20 所示,在一个密封的空腔上开一个小孔,当一束入射辐射由小孔进入空腔后,在腔体表面上要经过多次反射,每反射一次,辐射就被吸收一部分,最后只有极少量的辐射从腔孔逸出。例如,腔壁的吸收率为 0.99,则进入腔内的辐射功率只经三次反射后,就吸收了入射辐射功率的 0.999。故可以认为进入空腔的辐射完全被吸收。因此,空腔的辐射就相当于一个面积等于腔孔面积的黑体辐射。

1.3.3　普朗克公式

普朗克公式是确定黑体辐射光谱分布的公式,又称为普朗克辐射定律。它是

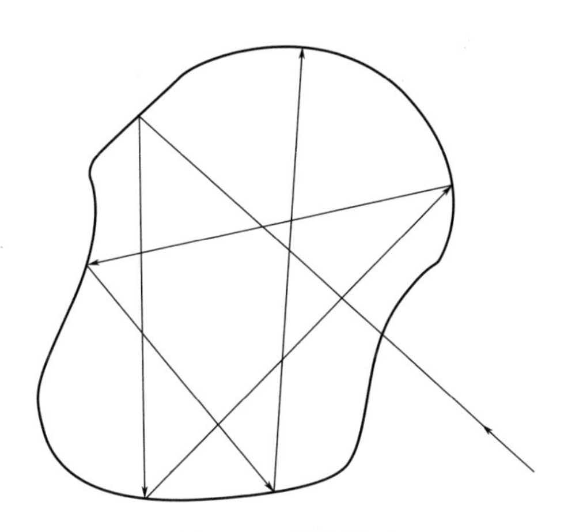

图 1.20　黑体模型

黑体辐射理论的基本定律,在近代物理学发展中具有极其重要的作用。黑体的普朗克公式有多种表示形式,应用的最多的是以黑体光谱辐射出射度表示的普朗克公式,即

$$M_{\lambda bb}=\frac{2\pi hc^2}{\lambda^5}\cdot\frac{1}{e^{hc/(\lambda K_B T)}-1}=\frac{c_1}{\lambda^5}\cdot\frac{1}{e^{c_2/(\lambda T)}-1} \tag{1.93}$$

式中:$M_{\lambda bb}$为黑体的光谱辐射出射度[$W/(m^2\cdot\mu m)$];λ 为波长(μm);T 为绝对温度(K);c 为光速(m/s);c_1为第一辐射常数,$c_1=2\pi hc^2=(3.7415\pm0.0003)\times10^8$ ($W\cdot\mu m^4/m^2$);c_2为第二辐射常数,$c_2=hc/K_B=(1.43879\pm0.00019)\times10^4$ ($\mu m\cdot K$);K_B为玻耳兹曼常数(J/K)。

式(1.93)即为描述黑体辐射光谱分布的普朗克公式,也称为普朗克辐射定律。

依据普朗克公式,可以画出黑体的光谱辐射出射度随波长的变化曲线,普朗克公式揭示了物体热辐射的基本规律,波长范围包括紫外光、可见光、红外光和毫米波。图 1.21 给出了温度在 500 ~ 900K 范围内黑体光谱辐射出射度随波长变化的曲线,图中虚线表示 $M_{\lambda bb}$取极大值的位置。

由图 1.21 可以看出,黑体辐射揭示了以下几个规律。

(1) 黑体的光谱辐射出射度随波长连续变化,且每条曲线只有一个极大值。

(2) 光谱辐射出射度曲线随黑体温度的升高而整体提高。在任意指定波长处,与较高温度对应的光谱辐射出射度也较大,反之亦然。因为每条曲线下包围的面积正比于全辐射出射度,所以上述特性表明黑体的全辐射出射度随温度的增加而迅速增大。

(3) 每条光谱辐射出射度曲线彼此不相交,故温度越高,在所有波长上的光谱辐射出射度也越大。

(4) 每条光谱辐射出射度曲线的峰值 M_{λ} 所对应的波长称为峰值波长 λ,随温度的升高,峰值波长减小。也就是说随着温度的升高,黑体的辐射中包含的短波成分所占比例在增大。

(5) 黑体的辐射只与黑体的绝对温度有关。

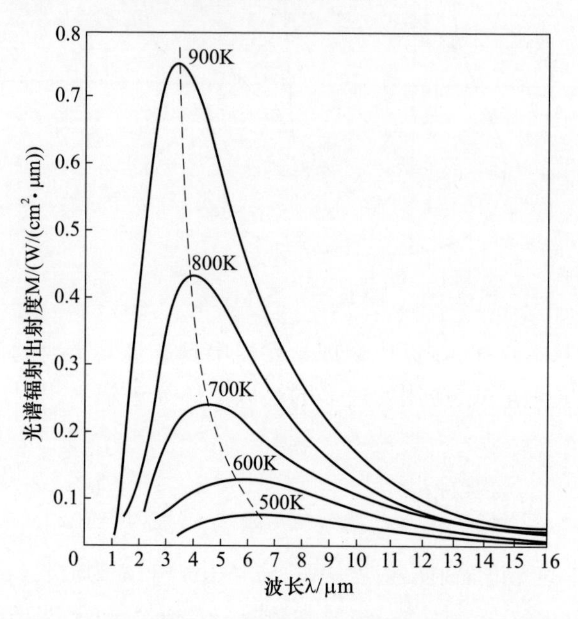

图 1.21　几种不同温度下黑体辐射出射度随波长的变化曲线

下面讨论普朗克公式(1.93)在以下两种极限条件下的情况。

(1) 当 $c_2/(\lambda T)\gg 1$,即 $hc/\lambda \gg K_B T$ 时,此时对应短波或低温情形,普朗克公式中的指数项远大于1,将分母中的 1 忽略,则普朗克公式(1.93)变为

$$M_{\lambda bb}=\frac{c_1}{\lambda^5}\cdot e^{-\frac{c_2}{\lambda T}} \tag{1.94}$$

这就是维恩公式,它仅适用于黑体辐射的短波部分。

(2) 当 $c_2/(\lambda T)\ll 1$,即 $hc/\lambda \ll K_B T$ 时,此时对应长波或高温情形,将普朗克公式中的指数项展成级数形式,并取前两项:$e^{\frac{c_2}{\lambda T}}=1+c_2/(\lambda T)+\cdots$,则普朗克公式(1.93)变为

$$M_{\lambda bb}=\frac{c_1}{c_2}\cdot\frac{T}{\lambda^4} \tag{1.95}$$

式(1.95)即为瑞利－普金公式,它仅适用于黑体辐射的长波部分。

1.3.4　维恩位移定律

维恩位移定律出了黑体光谱辐射出射度的峰值 M_{λ_m} 所对应的峰值波长 λ 与黑体绝对温度 T 的关系表示式。维恩位移定律可由普朗克公式(1.93)对波长求导数,并令导数等于零求得,即

$$\frac{\mathrm{d}M_{\lambda\mathrm{bb}}}{\mathrm{d}\lambda}=\frac{d}{\mathrm{d}\lambda}\left(\frac{c_1}{\lambda^5}\cdot\frac{1}{\mathrm{e}^{c_2/(\lambda T)}-1}\right)=0 \tag{1.96}$$

可以用逐次逼近的方法求解上式,可以解得维恩位移定律的最后表示式为

$$\lambda_{\mathrm{m}}T=b \tag{1.97}$$

式中:常数 $b=c_2/x=2898.8\pm0.4\mu\mathrm{m}\cdot\mathrm{K}$。

维恩位移定律表明,黑体光谱辐射出射度峰值对应的峰值波长 λ_{m} 与黑体的绝对温度 T 成反比。图 1.22 中的虚线,就是这些峰值的轨迹。它反映出黑体温度越高其光谱辐射出射度最大值所对应的波长越短的黑体辐射特征,也就是黑体温度越高能量分布就越向波长短的方向集中的特征。维恩位移定律在物体温度测量中得到广泛的应用。由维恩位移定律可以计算出:人体($T=310\mathrm{K}$)辐射的峰值波长约为 9.4μm;太阳(看作 $T=6000\mathrm{K}$ 的黑体)的峰值波长约为 0.48μm。由此可见,太阳辐射的 50% 以上功率是在可见光区和紫外区,而人体辐射几乎全部在红外区。

将维恩位移定律 $\lambda_{\mathrm{m}}T$ 的值代入普朗克公式,可得到黑体光谱辐射出射度的峰值 $M_{\lambda_m\mathrm{bb}}$,即

$$M_{\lambda_m\mathrm{bb}}=\frac{c_1}{\lambda_{\mathrm{m}}^5}\cdot\frac{1}{\mathrm{e}^{c_2/(\lambda_m T)}-1}=\frac{c_1}{b^5}\cdot\frac{T^5}{\mathrm{e}^{c_2/b}-1}=b_1T^5 \tag{1.98}$$

式中:b_1 为常数,$b_1=1.2862\times10^{-11}\mathrm{W}/(\mathrm{m}^2\cdot\mu\mathrm{m}\cdot\mathrm{K}^5)$。

式(1.98)表明,黑体的光谱辐射出射度峰值与热力学温度的五次方成正比。与图 1.23 中的曲线随温度的增加辐射曲线的峰值迅速提高相符。

1.3.5　斯忒藩 – 波耳兹曼定律

斯忒藩 – 波耳兹曼定律给出了黑体的全辐射出射度与温度的关系。利用普朗克公式(1.93),对波长从 0 到∞积分可得

$$M_{\mathrm{bb}}=\int_0^\infty M_{\lambda\mathrm{bb}}\mathrm{d}\lambda=\int_0^\infty\frac{c_1}{\lambda^5}\cdot\frac{\mathrm{d}\lambda}{\mathrm{e}^{c_2/\lambda T}-1} \tag{1.99}$$

将式(1.99)积分后,可得:

$$M_{bb}=\frac{c_1}{c_2^4}T^4\cdot\frac{\pi^4}{15}=\sigma T^4 \tag{1.100}$$

式中：M_{bb}为黑体的辐射出射度（W/m^2）；T为黑体的热力学温度（K）；σ为斯忒藩－波耳兹曼常数，其值为5.67×10^{-8}[$W/(m^2\cdot K^4)$]。黑体辐射出射度与温度的关系被称为斯忒藩－波耳兹曼定律。

该定律表明，黑体的全辐射出射度与其温度的四次方成正比。因此，当温度有很小变化时，就会引起辐射出射度的很大变化。

图1.23中每条曲线下的面积，代表了该曲线对应黑体的全辐射出射度。可以看出，随温度的增加，曲线下的面积迅速增大。

1.3.6 辐射效率和辐射对比度

前面对热辐射基本规律的讨论，实质上都是从物理学的角度论述的，重点研究了物体辐射功率的大小及其光谱分布特性。下面讨论工程上常常涉及的两个概念，即辐射效率和辐射对比度。

1. 辐射效率

从工程设计的角度看，人们往往感兴趣的是热辐射产生的效率。将辐射源在特定波长λ上的光谱辐射效率定义为

$$\eta=\frac{M_\lambda}{M}=\frac{c_1}{\lambda^5}\cdot\frac{1}{e^{c_2/\lambda T}-1}\cdot\frac{1}{\sigma T^4} \tag{1.101}$$

其中，可由$d\eta/dT=0$来确定效率最高时所对应的温度，用逐次逼近的方法，最后得到效率最高时，波长与温度所满足的关系为

$$\lambda_e T_e=3669.73\mu m\cdot K \tag{1.102}$$

式(1.102)说明，对于辐射源辐射功率固定的情况，在指定波长λ处，存在一个最佳的温度，在λ上产生的辐射效率最高。为了与维恩位移定律$\lambda_m T_m=2898$相区别，式(1.102)给出的值称为工程最大值。对于同一波长，T_e与T_m有以下关系：

$$T_e=\frac{3669}{2898}T_m=1.266T_m \tag{1.103}$$

由此可见，工程最大值的温度比维恩位移定律的最大值温度要高26.6%。

2. 辐射对比度

用热像仪来观察背景中的目标，当目标和背景的温度近似相同或者说目标和背景的辐射出射度差别不大时，探测起来就很困难。为描述目标和背景辐射的差

别，引入辐射对比度这个量。辐射对比度定义为目标和背景辐射出射度之差与背景辐射出射度之比，即

$$C = \frac{M_T - M_B}{M_B} \tag{1.104}$$

式中：$M_T = \int_{\lambda_1}^{\lambda_2} M_\lambda(T_T)\mathrm{d}\lambda$ 为目标在 $\lambda_1 \sim \lambda_2$ 波长间隔的辐射出射度；$M_B = \int_{\lambda_1}^{\lambda_2} M_\lambda(T_B)\mathrm{d}\lambda$ 为背景在 $\lambda_1 \sim \lambda_2$ 波长间隔的辐射出射度。

1.3.7　发射率和实际物体的辐射

前面讨论了黑体辐射的基本定律。黑体只是一种理想化的物体，而实际物体的辐射与黑体的辐射有所不同。为了把黑体辐射定律推广到实际物体的辐射，通常引入一个叫作发射率的物理量，来表征实际物体的辐射接近于黑体辐射的程度。

所谓物体的发射率是指该物体在指定温度 T 时的辐射量与同温度黑体的相应辐射量的比值。很明显，此比值越大，表明该物体的辐射与黑体辐射越接近。并且，只要知道了某物体的发射率，利用黑体的基本辐射定律就可找到该物体的辐射规律，计算出其辐射量。

1. 半球发射率

半球发射率，辐射体的辐射出射度与同温度下黑体的辐射出射度之比称为半球发射率，分为全量和光谱量两种。

半球全发射率定义为

$$\varepsilon_h = \frac{M(T)}{M_{bb}(T)} \tag{1.105}$$

式中：$M(T)$ 为实际物体在温度 T 时的全辐射出射度；$M_{bb}(\mathrm{T})$ 为黑体在相同温度下的全辐射出射度。

半球光谱发射率定义为

$$\varepsilon_{\lambda h} = \frac{M_\lambda(T)}{M_{\lambda bb}(T)} \tag{1.106}$$

式中：$M_\lambda(T)$ 为实际物体在温度 T 时的光谱辐射出射度；$M_{\lambda bb}(T)$ 为黑体在相同温度下的光谱辐射出射度。

结合黑体的定义与基尔霍夫定律，可以得到任意物体在温度 T 时的半球光谱发射率为

$$\varepsilon_{\lambda h}(T) = \alpha_\lambda(T) \tag{1.107}$$

由式(1.107)可见,任何物体的半球光谱发射率与该物体在同温度下的光谱吸收率相等。同理可得出物体的半球全发射率与该物体在同温度下的全吸收率相等,即

$$\varepsilon_{h}(T)=\alpha(T) \tag{1.108}$$

式(1.107)和式(1.108)是基尔霍夫定律的又一表示形式,即物体吸收辐射的本领越大,其发射辐射的本领也越大。

2. 方向发射率

方向发射率,它是在与辐射表面法线成 θ 角的小立体角内测量的发射率。θ 角为零的特殊情况称为法向发射率 ε_{n},ε_{n} 也分为全量和光谱量两种。

方向全发射率定义为

$$\varepsilon(\theta)=\frac{L}{L_{bb}} \tag{1.109}$$

式中:L 和 L_{bb} 分别为实际物体和黑体在相同温度下的辐射亮度。因为 L 一般与方向有关,所以 $\varepsilon(\theta)$ 也与方向有关。

方向光谱发射率定义为

$$\varepsilon_{\lambda}(\theta)=\frac{L_{\lambda}}{L_{\lambda bb}} \tag{1.110}$$

因为物体的光谱辐射亮度 L 既与方向有关,又与波长有关,所以 $\varepsilon_{\lambda}(\theta)$ 是方向角 θ 和波长 λ 的函数。

从以上各种发射率的定义可以看出,对于黑体,各种发射率的数值均等于1,而对于所有的实际物体,各种发射率的数值均小于1。

3. 朗伯辐射体的发射率

我们已经知道,对于朗伯辐射体,其辐射出射度与辐射亮度、光谱辐射出射度与光谱辐射亮度之间具有下列关系:

$$M=\pi L$$

$$M_{\lambda}=\pi L_{\lambda} \tag{1.111}$$

而黑体又是朗伯辐射体,则

$$\begin{cases}M_{bb}=\pi L_{bb}\\ M_{\lambda bb}=\pi L_{\lambda bb}\end{cases} \tag{1.112}$$

由式(1.112)可得朗伯辐射体的方向发射率和方向光谱发射率分别为

$$\varepsilon(\theta)=\frac{L}{L_{bb}}=\frac{\pi L}{\pi L_{bb}}$$

$$= \frac{M}{M_{bb}} = \varepsilon_h \tag{1.113}$$

$$\varepsilon_\lambda(\theta) = \frac{L_\lambda}{L_{\lambda bb}} = \frac{\pi L_\lambda}{\pi L_{\lambda bb}}$$

$$= \frac{M_\lambda}{M_{\lambda bb}} = \varepsilon_{\lambda h} \tag{1.114}$$

由式(1.113)和式(1.114)可知,朗伯辐射体的方向发射率和方向光谱发射率与方向无关。我们又知道,黑体的各种发射率均为1,也与方向无关。这就进一步说明黑体是朗伯辐射体。对于朗伯辐射体,三种发射率 ε_h,$\varepsilon(\theta)$ 和 ε_n 彼此相等。对于其他辐射源,除磨光的金属外,都在某种程度上接近于朗伯辐射体,其三种发射率之间的差别通常都比较小,甚至可以忽略不计。因此,除非需要区别半球发射体和方向发射率时,要使用脚注外,一般统一用 ε 表示全发射率(简称发射率),而用 ε_λ 表示光谱发射率。

4. 物体发射率的一般变化规律

物体发射率的一般变化规律如下。

(1) 对于朗伯辐射体,三种发射率 ε_n、$\varepsilon(\theta)$ 和 ε_h 彼此相等。

对于电绝缘体,$\varepsilon_h/\varepsilon_n$ 在0.95~1.05之间,其平均值为0.98,对这种材料,在 θ 角不超过65°或70°时,$\varepsilon(\theta)$ 与 ε_n 基本相等,所以,大多数电绝缘体很大程度可以当作郎伯体处理。

对于导电体,$\varepsilon_h/\varepsilon_n$ 在1.05~1.33之间,对大多数磨光金属,其平均值为1.20,即半球发射率比法向发射率约大20%,当秒角超过45°时,$\varepsilon(\theta)$ 与 ε_n 差别明显。

(2) 金属的发射率是较低的,但它随温度的升高而增高,并且当表面形成氧化层时,可以成10倍或更大倍数地增高。

(3) 非金属的发射率要高些,一般大于0.8,并随温度的增加而降低。

(4) 金属及其他非透明材料的辐射,发生在表面几微米内,因此发射率是表面状态的函数,而与尺寸无关。据此,涂敷或刷漆的表面发射率是涂层本身的特性,而不是基层表面的特性。对于同一种材料,由于样品表面条件的不同,因此测得的发射率值会有差别。

(5) 介质的光谱发射率随波长变化而变化,如图1.22所示。在红外区域,大多数介质的光谱发射率随波长的增加而降低。在解释一些现象时,要注意此特点。例如,白漆和涂料 T_i0_2 等在可见光区有较低的发射率,但当波长超过3μm时,几乎相当于黑体。用它们覆盖的物体在太阳光下温度相对较低,这是因为它不仅反射了部分太阳光,同时几乎像黑体一样重新辐射所吸收的能量。而铝板在直接太阳光照射下，相对温度较高，这是由于它在 10μm 附近有相当低的发射率，因此不能有效地辐射所吸收的能量。

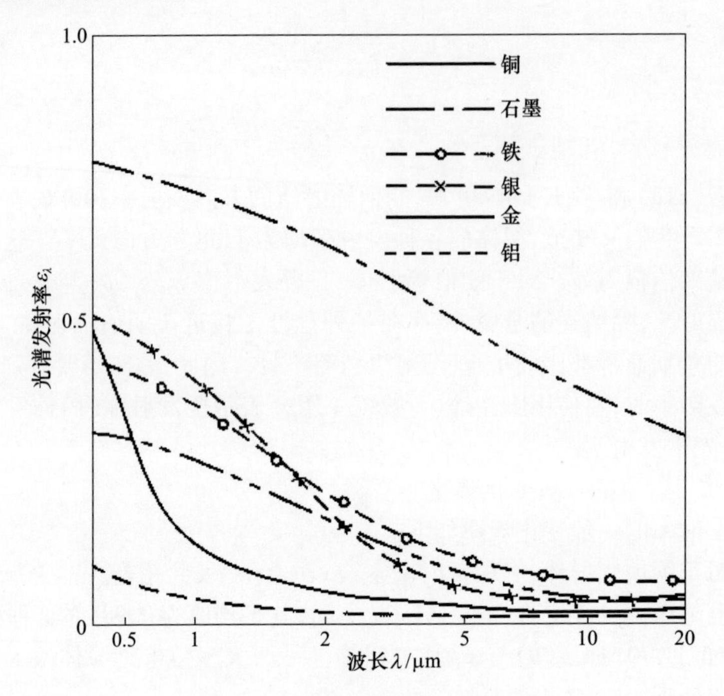

图 1.22　各种材料的光谱发射率

5. 热辐射体的分类

根据光谱发射率的变化规律，可将热辐射体分为如下三类。

1）黑体或普朗克辐射体

黑体或普朗克辐射体的发射率、光谱发射率均等于 1。黑体的辐射特性，遵守以前讨论过的普朗克公式、维恩位移定律和斯忒藩－玻耳兹曼定律。

2）灰体

灰体的发射率、光谱发射率均为小于 1 的常数。若用脚注 g 表示灰体的辐射量，则

$$\begin{cases} M_{\mathrm{g}} = \varepsilon M_{\mathrm{bb}} \\ M_{\lambda \mathrm{g}} = \varepsilon M_{\lambda \mathrm{bb}} \\ L_{\mathrm{g}} = \varepsilon(\theta) L_{\mathrm{bb}} \\ L_{\lambda \mathrm{g}} = \varepsilon(\theta) L_{\lambda \mathrm{bb}} \end{cases} \tag{1.115}$$

当灰体是朗伯辐射体时，它的 $\varepsilon(\theta) = \varepsilon$。于是，适合于灰体的普朗克公式和斯

忒藩-玻耳兹曼定律的形式为

$$M_{\lambda g}=\varepsilon M_{\lambda bb}=\frac{\varepsilon c_1}{\lambda^5}(e^{c_2/(\lambda T)}-1)^{-1} \tag{1.116}$$

$$M_g=\varepsilon M_{bb}=\varepsilon\sigma T^4 \tag{1.117}$$

而维恩位移定律的形式不变。

3)选择性辐射体

选择性辐射体的光谱发射率随波长的变化而变化。图1.23和图1.24给出了三类辐射体的光谱发射率和光谱辐射出射度曲线。由图可知,黑体辐射的光谱分布曲线是各种辐射体曲线的包络线。这表明,在同样的温度下,黑体总的或任意光谱区间的辐射比其他辐射体的都大。灰体的发射率是一个不变的常数。喷气机尾喷管、气动加热表面、无动力空间飞行器、人、大地及空间背景等,都可以视为灰体,所以只要知道它们的表面发射率,就可以根据有关的辐射定律进行足够准确的计算。灰体的光谱辐射出射度曲线与黑体的辐射出射度曲线有相同的形状,但其发射率小于1,所以在黑体曲线以下。

选择性辐射体在有限的光谱区间有时也可看成是灰体来简化计算。

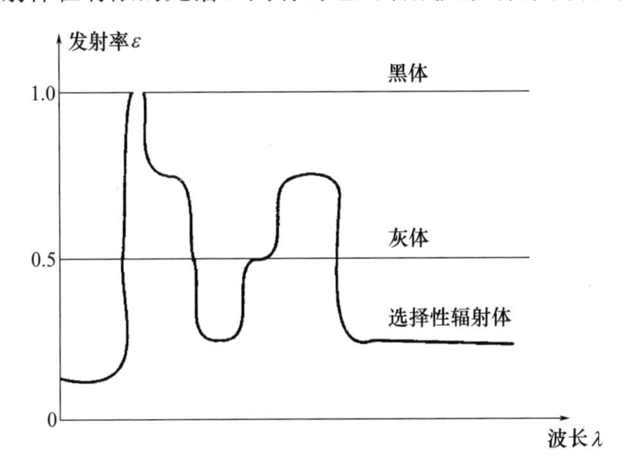

图1.23　黑体、灰体、选择性辐射体的发射率与波长的关系

1.3.8　红外辐射测温

根据热辐射定律,可以测量物体的温度。如果辐射体是黑体,只要测得辐射出射度最大值所对应的波长,再直接利用维恩位移定律,就可确定黑体的温度。如果辐射体是一般的物体,而已知其发射率,则可通过测量物体的光谱辐射量来确定物

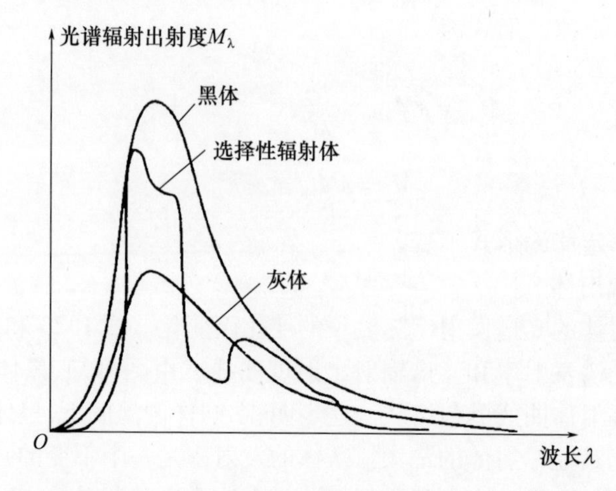

图 1.24　黑体、灰体、选择性辐射体的光谱辐射出射度曲线

体的温度。这就是红外辐射测温的基本原理,利用该原理制作的测温仪称为辐射测温仪。

若仪器依据物体的总辐射而定温,则所得到的是物体的辐射温度 T_r;若仪器根据两个或多个特征波长上的辐射而定温,则所得到的温度是物体的色温度 T_s;若仪器只根据某一个特征波长上的辐射而定温,则所得到的是物体的亮温度 T_l。辐射温度、色温度和亮温度都不是物体表面的真实温度 T,即使经过了大气传输因子等的修正,它们与物体表面的真实温度之间仍存在一定的差异。

在没有给出它们的具体定义之前,对于待测物体作以下两个假设。

(1) 物体是朗伯体;

(2) 对测温仪光学系统而言,物体是面辐射源。

在这两个假设下,如果忽略物体和系统之间介质的辐射、散射和吸收的影响,进入测温仪的辐射能量与物体辐射出射度、辐射亮度都成正比,而与距离无关。因此,各种温度的定义都只涉及辐射出射度或辐射亮度,而各种温度的测量,实质上都是对辐射量的测量。

1. 辐射温度

设有一物体的真实温度为 T,发射率为 $\varepsilon(T)$,辐射出射度为 $M(T)$。当该物体的辐射出射度与某一温度的黑体辐射出射度相等时,这个黑体的温度就称为该物体的辐射温度 T_r,即

$$M(T)=M_{bb}(T_r) \tag{1.118}$$

辐射温度与目标真实温度的关系如图 1.25 所示。图中目标的全辐射出射度与黑体的全辐射出射度相等。

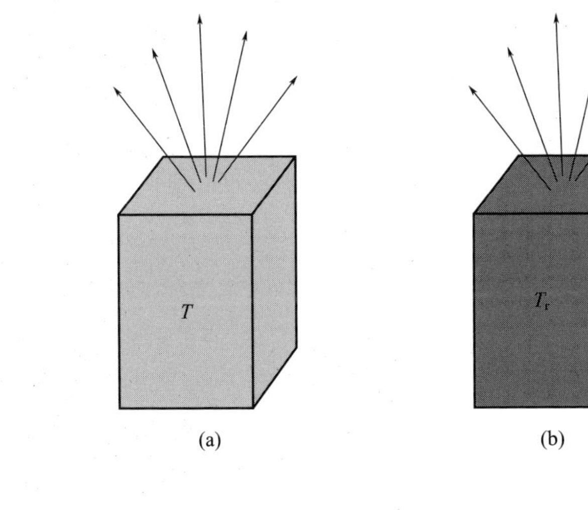

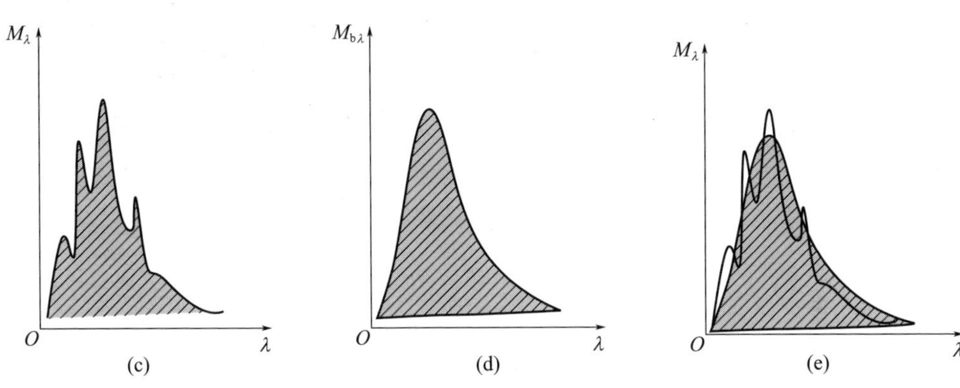

图 1.25　辐射温度与目标真实温度的关系

式(1.123)可以写为

$$\varepsilon(T)\sigma T^4 = \sigma T_r^4 \tag{1.119}$$

则

$$T = \frac{T_r}{\sqrt[4]{\varepsilon(T)}} \tag{1.120}$$

因为 $\varepsilon(T) < 1$,所以 $T > T_r$。真实温度用温度计、热电偶等测量,辐射温度用辐射测温仪测量。当用辐射测温仪测量一个非黑体的真实温度时,必须要知道物体的发射率 $\varepsilon(T)$ 才能将测得的辐射温度 T_r 换算成真实温度 T。有一点应当指出,式(1.124)没有考虑物体所反射的环境辐射。如果物体是不透明体的必然要把它所反射的环境辐射一起送进辐射测温仪。对于物体温度与周围环境物体温度相近的场合，考虑物体的反射环境辐射带来的影响是很有必要的，否则求得的真实温度 T 将是不正确的。

2. 亮温度

设有一个物体的真实温度为 T，光谱发射率为 $\varepsilon_\lambda(T)$，光谱辐射亮度为 $L_\lambda(T)$。当该物体的光谱辐射亮度与某一温度的黑体的光谱辐射亮度相等时，这个黑体的温度称为该物体的亮温度 T_1。这时有

$$L_\lambda(T) = L_{\lambda\mathrm{bb}}(T_1) \tag{1.121}$$

根据黑体和灰体的普朗克公式，维恩近似简化处理，可以得到

$$T = \frac{c_2 T_1}{\lambda T_1 \ln\varepsilon_\lambda(T) + c_2} \tag{1.122}$$

通常物体的亮温度用光学高温计测量，对应的波长是 0.66μm。

由式(1.122)可知，必须预先知道光谱发射率为 $\varepsilon_\lambda(T)$，才能由亮温度 T_1，求出物体的真实温度 T。

3. 色温度

设有一个物体的真实温度为 T，在波长 λ_1 和 λ_2 处的光谱发射率分别为 $\varepsilon_{\lambda_1}(T)$ 和 $\varepsilon_{\lambda_2}(T)$，光谱辐射亮度分别 $L_{\lambda_1}(T)$ 和 $L_{\lambda_2}(T)$。当该物体在这两个波长处的光谱辐射亮度与某一温度的黑体的光谱辐射亮度相等时，这个黑体的温度就叫作该物体的色温度 T_s（简称色温）。一般所选波长为 $\lambda_1 = 0.47\mu\mathrm{m}$，$\lambda_2 = 0.66\mu\mathrm{m}$，分别用维恩近似表示 $L_{\lambda_1}(T)$ 和 $L_{\lambda_2}(T)$、$L_{\lambda_1\mathrm{bb}}(T)$ 和 $L_{\lambda_2\mathrm{bb}}(T)$，由定义有

$$\begin{cases} \varepsilon_{\lambda_1}\dfrac{c_1}{\lambda_1^5}\exp\left(-\dfrac{c_2}{\lambda_1 T}\right) = \dfrac{c_1}{\lambda_1^5}\exp\left(-\dfrac{c_2}{\lambda_1 T_s}\right) \\ \varepsilon_{\lambda_2}\dfrac{c_1}{\lambda_2^5}\exp\left(-\dfrac{c_2}{\lambda_2 T}\right) = \dfrac{c_1}{\lambda_2^5}\exp\left(-\dfrac{c_2}{\lambda_2 T_s}\right) \end{cases} \tag{1.123}$$

将式(1.123)化简并取对数解出 T，则

$$\frac{1}{T} - \frac{1}{T_s} = \frac{\ln[\varepsilon_{\lambda_1}(T)/\varepsilon_{\lambda_2}(T)]}{c_2(1/\lambda_1 - 1/\lambda_2)} \tag{1.124}$$

同样，必须已知 $\varepsilon_{\lambda_1}(T)$ 和 $\varepsilon_{\lambda_2}(T)$，才能由 T_s 求出 T。

应当指出的是：色温的使用是有条件的，即当被测物体的光谱辐射亮度随波长的分布曲线与黑体相差不大时，物体的颜色与色温度 T_s 下黑体的颜色接近（色温因此而得名）。上述测量和计算方法是正确的。但是，如果被测物体为选择性很强的辐射体，那么误差就很大，色温度的概念也就失去了意义。

比色测温仪是通过测量物体两个（或三个）波段上的辐射亮度的比值来确定

其温度的，它的工作原理与亮温测温仪截然不同。使用两个工作波段的比色测温仪又称为双色测温仪或二色测温仪；使用三个工作波段的称为三色测温仪。比色测温仪与亮温测温仪相比，突出的优点如下。

（1）亮温测温仪和全光谱测温仪（辐射温度测温仪）往往在被测物体的 $\varepsilon(T)$ 已知的情况下才能使用。而比色测温仪则不然，只要物体的发射率随波长 λ 的变化相对缓慢（一般物体多是这样），就可以用色温度来测得接近物体表面的真实温度 T。特别是对于灰体，在式（1.124）中，色温 T_s 就准确地反映了物体的真实温度 T。

（2）由于亮度测温仪是通过测量物体的辐射来测温的，因此在测量时，辐射功率的部分损失（如光学系统效率、被测物体与仪器之间介质吸收率的变化等）以及电子线路中放大倍数的变化等，都直接影响亮温度和辐射温度的测量。而上述因素对比色测温仪的色温测量则没有影响或影响很弱，这是因为比色测温仪的温度测量是取决于辐射功率之比的缘故。

参考文献

[1] 张建奇. 红外物理[M]. 西安：西安电子科技大学出版社，2013.
[2] 刘景生. 红外物理[M]. 北京：兵器工业出版社，1992.

第 2 章

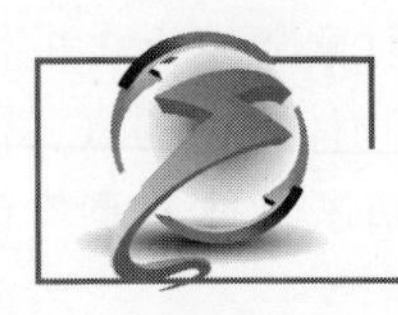

热特征控制基本原理

2.1 基本概念

地面各类固定或机动目标都面临着红外成像侦察卫星、机载前视红外系统、红外成像制导导弹等各种红外侦察和制导系统的威胁。目标与背景由于自身温度和红外发射率的不同,从而具有不同的热特征,这些特征是各类军用红外系统发现和识别目标的基础。

目标热特征控制技术是一种新型的红外防护技术,它通过调整目标的辐射温度使目标与背景红外特征相融合或者使目标失去本身的红外特征,从而达到红外隐身或者红外变形的目的。这种热特征控制技术适合于保护高价值地面重要目标,达到对高价值目标红外自动防护的目的。

热特征控制技术应用于红外自动防护时,探测系统不断探测周围背景的红外辐射和防护系统的红外辐射,经过对比分析后,防护系统调节表面的温度分布,使其红外辐射同周围背景的红外辐射特征差异保持在足够小的范围内,实现目标与背景的热特征相融合,使红外成像侦察和制导系统无法探测到目标。

就现有热特征控制技术而言,主要有压缩机制冷技术和热电制冷技术。压缩机制冷技术是机械式的,体积大,制冷制热速度慢,实时快速反应性能较差。热电制冷技术不需要任何制冷剂,也不需要复杂的机械部件,既能制冷,又能制热,而且热惯性非常小;温度变化能够实现较好的快速反应,通过输入电流的控制,可实现高精度的温度控制,再加上温度检测和控制手段,很容易实现遥控、程控、计算机控制,便于组成自动控制系统。鉴于这些优点,它非常适合应用于地面目标热特征控制。

2.2　目标及其背景红外特征

2.2.1　目标红外特性的传热学基础

传热是物质在温度差作用下所发生的热量传递过程。在一个物体内部或者一些物体之间，只要存在温度差，热量就将以某一种或同时以某几种方式自发的从高温处传向低温处。热量的传递有三种基本方式：热传导、热对流和热辐射。

1. 热传导

热传导简称导热，是一种在物质内部不发生宏观位移时，由原子、分子及自由电子等微观粒子的无序随机运动而产生的热量传递。所有的物质，不论固相、液相还是气相，均能够导热，但是其导热机理有所不同。固体中的导热是两种相互独立的作用，即自由电子的迁移和晶格振动，相叠加的结果。金属导热主要依靠前一种作用，非金属导热主要依靠后一种作用。气体中的导热是气体分子不规则热运动时相互碰撞的结果。气体的温度越高，其分子运动的能量也就越大，不同能量的分子相互碰撞，使能量从高温处传到低温处。对于液体的导热机理，迄今为止仍不算很清楚，存在着不同的观点。一般认为液体的导热机理与介电体类似，即主要是依靠弹性波的传递作用。另一种观点认为定性上类似于气体，只是情况更复杂，因为液体分子间的距离比较近，分子间的作用力对碰撞过程的影响远比气体分子大。

描述导热最根本规律的是傅里叶（Fourier）定律。目前的导热学，都是由傅里叶定律而来。傅里叶定律定量描述了通过平板的导热热流密度，即

$$Q = -k\frac{\mathrm{d}T}{\mathrm{d}x} \tag{2.1}$$

式中：Q 为热流密度；k 为反映材料导热能力大小的物理量，称为热导率；T 为温度；x 为距离。

傅里叶定律建立了物体温度场与导热热流密度之间的数量关系，也称为导热的热流速率方程。

对于一维导热，可直接用傅里叶定律积分。对于多维的问题，必须在获得温度场的数学表达式之后，才能计算空间各点的热流密度矢量。要获取物体温度场的数学表达式，可根据能量守恒定律与傅里叶定律，建立起导热微分方程。求解导热问题最终归纳为对导热微分方程式的求解。为了获得某一个具体导热问题的温度场分布，还必须给出用以表征该特定问题的一些附加条件，即定解条件。对非稳态导热问题，定解条件有两个方面，即初始时刻温度分布的初始条件和导热物体边界

上温度或换热情况的边界条件。导热微分方程和定解条件构成了一个具体导热问题的完整的数学描写。对于稳态导热问题,定解条件没有初始条件,仅有边界条件。

由导热微分方程,可计算一些基本形状物体的导热情况,如平壁、圆筒壁、球壳等。当目标的形状较为复杂时,可以将目标分解为多个简单形状的集合,并采用数值方法进行计算。

虽然目标的红外特性由其表面温度决定,但导热问题对于目标的红外特性仍有着重要的意义。无论是地球上大气层内的目标,还是地球外太空中的目标,在达到热平衡之前,其表面与其内部都不可避免地存在着热量交换,由此影响到目标表面的温度特性。

2. 热对流

对流是指当流体发生宏观位移时伴随流体质量迁移发生的热量转移。由于流体中一旦有温度差存在也必定发生热传导,所以实际上热对流中也伴随着导热作用。通常工程上需要解决的是流体和与之直接接触的某固体表面间存在宏观相对运动时两者之间的热量传递问题。习惯上把流体和固体表面之间发生的热量传递过程叫作对流换热。可见对流换热是导热和对流两种传热机理共同作用的结果。

对流换热的热流速率方程以牛顿冷却公式为其基本计算式,即

$$Q = H(T_w - T_f) \tag{2.2}$$

式中:H 为表面传热系数;T_w 为固体表面温度;T_f 为流体温度。

牛顿冷却公式表明对流换热时单位面积的换热量正比于壁面和流体之间的温度差,它主要是给出了表面换热系数的一个定义表达式,而没有给出流体温度场与热流密度之间的内在关系。研究对流换热的目的主要是为了求解各种不同情况下的 H 值。

影响流体换热的因素主要包括三大类:流动状态及引起流动的起因、流体的热物理性质和换热表面的几何参数。由于流动动力的不同,流体状态的区别,流体的密度、比热容、导热系数、黏度和有否相变等热物理性质以及换热表面几何形状的差别构成了多种类型的对流换热现象。研究对流换热的方法大致包括解析方法、试验方法、类比方法和数值方法四种。其中试验方法仍是工程设计的主要依据。

对流换热问题完整的数学描述包括对流换热微分方程组及定解条件。微分方程组包括表达不可压缩流体的质量守恒定律的连续性方程、表达流体动量守恒的动量微分方程和表达流体能量守恒的能量微分方程。

对流换热是降温的重要方法,也基本上是应用最广的换热方法,在地面目标的红外防护中,降低物体的温度是减少目标红外辐射特征的重要方法,有效的利用对流换热意义重大。

3. 热辐射

热辐射是指物体向外发射辐射能量的过程。辐射的热流密度公式为式(1.122),有关理论也已经在第1章中介绍过,此处不再赘述。

2.2.2　影响地面目标与背景红外辐射特性的因素

由热辐射的基本规律可知,物体的红外辐射是由表面温度和发射率决定的。发射率是材料的一种固有属性。通常情况下,对于特定的目标,表面材料一旦固定下来,发射率也就随之确定。物体的表面温度却会受到各种复杂因素的影响,确定目标的表面温度是研究目标红外辐射特性的关键。目标的表面温度主要受背景和目标本身内部热源两方面的影响。地面目标所处的背景非常复杂多变,如何有效的弄清各种因素及其变化过程,对计算结果的精度有着重要的影响。

许多因素对地面目标与背景的红外辐射特性产生显著的影响,这些因素主要可分为外界因素和内在因素。太阳辐射、地面热辐射和低层大气热辐射等是主要的外界因素。目标与背景的表面热物性、热负荷和结构等则为主要的内在因素。

1. 太阳辐射

到达地面的太阳辐射是由太阳直接辐射和散射辐射两部分组成。太阳辐射到地球的能量中,有部分能量被大气层中的水蒸气、二氧化碳和尘埃等所吸收,导致低空大气层产生热辐射。部分能量被云层中的尘埃、冰晶及微小水珠等反射或折射,形成散射辐射。太阳辐射的大部分能量是沿直线透过大气层到达地球表面,而形成直接辐射。

位于水平方向的目标和背景顶部的太阳照射表面,其太阳辐射照度与目标和背景所处的方位无关。目标与背景的侧面有的属于垂直的太阳照射表面,有的属于倾斜的太阳照射表面。这些表面的太阳辐射照度与目标和背景的方位有关。受太阳照射的目标或背景表面红外辐射温度将明显高于不受太阳照射的表面。炎热的夏季,更是如此。

2. 地面热辐射

地球接受太阳的辐射,按年平均计算,入射的太阳辐射约有30%被地球反射回空间,而约70%被地球及其大气层所吸收。转化为热能后,其中的部分热能将以长波辐射的形式辐射到空间,即为地球的热辐射。地面热辐射是地球热辐射的主要组成部分。地面热辐射取决于地表温度和发射率。

3. 低层大气热辐射

低层大气直接吸收入射的太阳辐射,同时还吸收地球表面所反射的太阳辐射。大气本身的有效温度在200~300K内。低层大气的热辐射主要分布在波长大于4μm的红外区域。

红外热成像系统观测地面目标的视线仰角较小时，在目标与地物背景的热图中，可观察到低层大气的具有某种波带状结构的热辐射图像。在低层大气中水蒸气含量较高的情况下，波带状结构的低层大气热图像尤为显著。

4. 目标表面热物性

目标的绝大部分表面是被涂层覆盖着，其红外辐射特性很大程度上取决于涂层的热物性。通过在目标表面上选用不同热辐射性质的热控涂层，可以得到不同的热平衡温度。涂层材料的太阳吸收率和发射率是两个重要的可控热辐射性能参数。

5. 目标热负荷

行驶中的目标，发动机处于不同的工作状态。通过水和机油散热器向动力舱空间内散发的热量随之发生变化。动力舱内大部分散热是由风扇排出，部分热量将传递到目标体壁，使壁面温度有所升高。目标在行驶中不断改变发动机的输出功率，致使目标的红外辐射特性发生变化。

发动机及其传动、行动装置的热工况分析表明，目标发动机的热平衡构成情况是随发动机工作条件而变化的。对于某种地面机动目标，进入水散热器的热量为总热量（燃油燃烧时产生的热量）的 15% ~ 20% 。发动机机油带走的热量为总热量的 6% 左右，传动装置机油带走的热量为总热量的 4% 左右，即经由机油散热器所散发的热量约为总热量的 10% 。发动机排气管中废气带走的热量占相当大的份额，约为总热量的 35% ~ 40% ，推进装置和悬挂系统损失的热量约为总热量的 2% 。由上述目标的发动机热平衡构成可见，机械增压发动机的有效功率热当量只占 35% ~ 40% 。目标热控制技术是控制目标内部和外部环境的热交换过程，使其热平衡温度处于要求的范围内。热控制技术需要对目标上产生的热量大小、传递方向、各部件之间及目标内外的热交换过程、目标各部位温度变化速率进行安排和控制。

6. 目标的材料和结构

在某一时刻目标或背景表面的温度分布，以及下一个时刻其表面温度的变化，取决于目标或背景各部位的材料和结构。尤其是质量的极不均匀分布，导致目标各部位表面温度的变化速率极不一致。例如，很厚的甲板部位，比很薄的部位，表面温度的变化表现出很大的稳定性和滞后性，形成显著的温度对比度。

2.2.3 地面立体目标的红外特性

掌握目标的红外特性对红外成像侦察和制导武器的研制与目标红外隐身设计等都有着重要的意义，因此对目标红外特性的研究在国内外一直是热点。地面上的目标多种多样，从红外特性的研究方面来讲，主要可以分为生命体目标和非生命体目标。生命体目标的温度和红外特性受其自身新陈代谢等生理调节的因素影响比较严重,在此不作讨论的范围。本节所指的目标主要是指地面上的非生命体目标。非生命体目标主要可分为有内热源目标和没有内热源目标两类。有内热源的目标由于其内部热量产生的不确定性和传热结构的复杂性,很难用数学模型来精确的计算其红外特征,到目前为止只有对一些简化模型做了相关的研究。对于没有内热源目标的红外特性,国外的研究已趋于成熟,国内的研究也达到了一定的水平。地面机动目标的红外辐射虽然在有发动机等内部热源的部位显著,但是对于远离发动机等热源的方舱式车体外壳部位,其受热源的影响可以忽略不计。故本节对地面机动目标的红外特性研究主要分两个方面:对不受热源影响的部位,主要采用理论建模的研究方法并施以试验验证;对有内热源的部位主要采用试验测试的研究方法。

地面目标和背景大部分都是立体的,即使路面背景可以看作平面的,但是路面上的地面机动目标都是立体的,为此需要掌握立体目标的红外辐射特性。绝大部分的立体目标,如建筑、车辆等,都是由不同的面构成的,通常立体目标的红外特征就是由构成它的各个面的红外特征构成的。处于不同方位的各个表面,由于热量得失不同,其表面温度不同,红外特征也就不同。尤其是在白天,得到太阳辐射热量的面和得不到太阳辐射热量的面其红外辐射明显不同。因此,研究目标的红外特征,就要研究它处于不同方位的各个表面的红外特征,重点就是要研究目标各个表面的温度特性。

2.2.3.1　目标不同方位的表面温度特性

1. 目标表面与外界环境的热量交换

通常对计算红外辐射有意义的目标表面大都是裸露在空气中的,所以目标表面与外界环境的热量交换主要以辐射和对流两种方式进行,而传导主要是在目标表面和目标内部之间进行,如图 2.1 所示。目标表面接收到外部环境的辐射主要来自太阳、地面和天空的大气,同时目标也向外辐射热量。

1) 太阳的辐射

在白天,太阳辐射的影响是主要的,其辐射通量随季节、时间、天气及地理条件的不同而不同。在处理太阳辐射时,一般将其分为直射、散射和地面反射三部分。太阳辐射中的各项可由下面的关系式确定。

目标表面接收到的太阳直接辐射为

$$Q_{\text{sundir}} = \alpha_{\text{sun}} r E_{\text{sun}} p^{m} F_{\text{sun}} \tag{2.3}$$

式中:α_{sun} 为目标表面对太阳辐射的吸收系数;r 为日地间距引起的修正值;E_{sun} 为太阳常数,$E_{\text{sun}} = 1353\text{W/m}^2$;$p$ 为大气透明系数,也称为大气透明率;m 为大气质

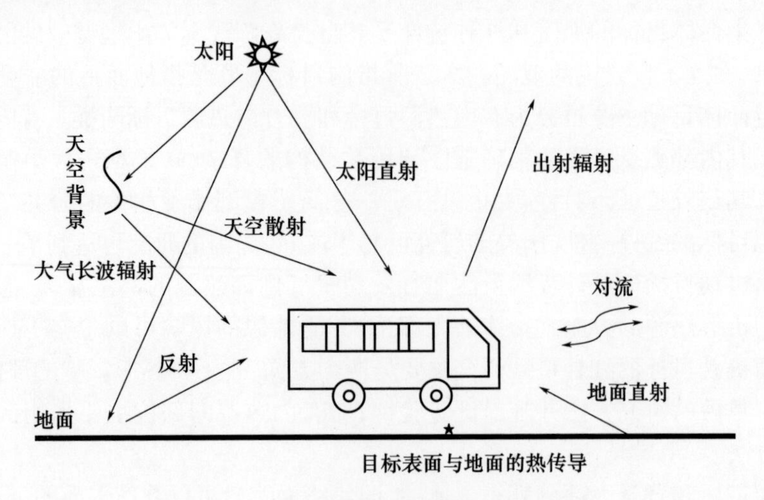

图 2.1 目标表面与环境热量交换示意图

量；p^m 为大气透过率，传统上称为大气透明度；F_{sun} 为目标表面对太阳直接辐射的角系数。

修正值 r 的表达式为

$$r = 1 + 0.33\cos\left(\frac{360N}{370}\right) \tag{2.4}$$

式中：N 为一年中之天数。

大气透明系数 p 的表达式为

$$p = \exp(-\mu R) \tag{2.5}$$

式中：μ 为大气消光系数，其值大小与大气成分、云量多少等因素有关；R 为太阳位于天顶角时穿过大气层的距离，即大气层的垂直厚度。

大气透明系数 p 综合反映了大气层厚度、消光系数等多种因素对太阳辐射的减弱系数，是衡量大气透明程度的标志。p 值越接近 1，表明大气越清澈，阳光通过大气层时被吸收去的能量越少，其取值一般可按经验取常数：非常好的晴天 $p = 0.85$；较好的晴天 $p = 0.80$；中等的晴天 $p = 0.65$；较差的晴天 $p = 0.532$。

大气质量 m 是指太阳到达某地点所要穿过大气层的厚度与此处大气层垂直厚度的比值，即

$$m = \frac{R'}{R} = \frac{1}{\sin h} \tag{2.6}$$

式中：R' 为太阳到达某地点所要穿过的大气层厚度；h 为太阳高度角，具体关系如图 2.2 所示。

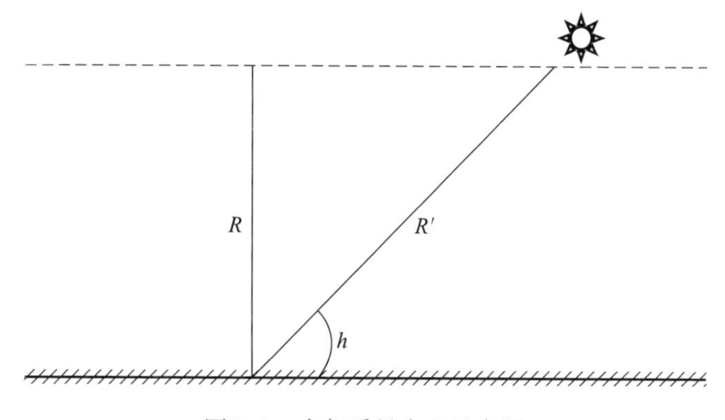

图 2.2　大气质量含义示意图

目标表面对太阳直接辐射的角系数为

$$F_{\text{sun}} = \cos i = \cos\beta\sin h + \sin\beta\cos h\cos\theta \tag{2.7}$$

式中:i 为太阳入射角;θ 为斜面太阳方位角;β 为斜面倾角。

根据有关天体运动的理论,对于太阳高度角 h 和斜面太阳方位角 θ,有

$$\sin h = \sin\varphi\sin\delta + \cos\varphi\cos\delta\cos w \tag{2.8}$$

$$\theta = \alpha - \gamma \tag{2.9}$$

式中:φ 为当地纬度;δ 为赤纬角;w 为太阳时角,其计算公式为

$$w = \left(H_{\text{s}} \pm \frac{L - L_{\text{s}}}{15} + \frac{e}{60} - 12\right) \times 15 \tag{2.10}$$

式中:H_{s} 为该地区标准时间;L 为当地的经度;L_{s} 为该地区标准时间位置的经度;"±"号对于东半球取正号,对于西半球取负号;e 为时差,其计算公式为

$$e = 9.87\sin\left[2 \times \frac{360(n-81)}{364}\right] - 7.53\cos\left[\frac{360(n-81)}{364}\right] - 1.5\sin\left[\frac{360(n-81)}{364}\right] \tag{2.11}$$

式(2.9)中,γ 为斜面方位角,且斜面朝向偏东为负,偏西为正,正南为 0°;α 为太阳方位角,其计算公式为

$$\sin\alpha = \frac{\cos\delta\sin w}{\cos h} \tag{2.12}$$

当采用式(2.12)计算出的 $\sin\alpha$ 的绝对值大于 1 或者较小时,可用下式计算,即

$$\cos\alpha = \frac{\sin h\sin\varphi - \sin\delta}{\cos h\cos\varphi} \tag{2.13}$$

以上计算公式中各角度的关系如图2.3所示。

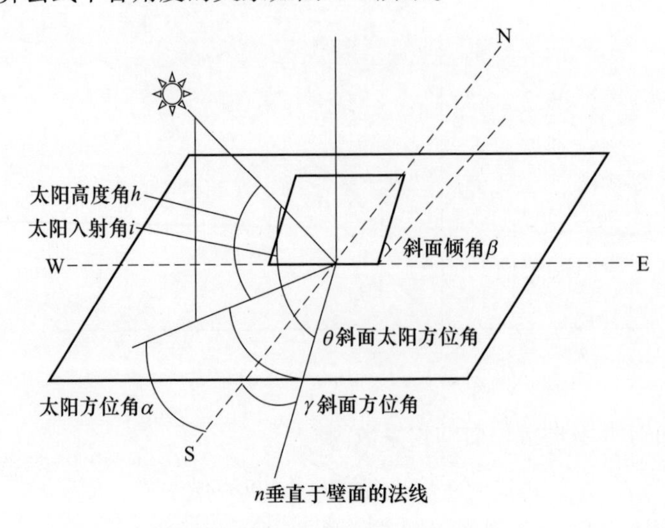

图2.3　角度定义与相互关系图

散射主要是由于大气中的各种气体分子和气溶胶分子造成的,这些物质在对直射太阳光衰减的同时,也产生了新的辐射。由于大气对太阳光的散射作用而在目标表面上产生的辐射照度可由 Berlage 公式计算得出,即

$$\frac{1}{2}E_{\text{sun}}\sinh\frac{1-p^m}{1-1.4\ln p}\left(\frac{1}{2}+\frac{1}{2}\cos\beta\right) \tag{2.14}$$

则目标表面接收到的大气对太阳光的散射辐射为

$$Q_{\text{sundis}}=\frac{1}{2}\alpha_l E_{\text{sun}}\sinh\frac{1-p^m}{1-1.4\ln p}\cos^2\frac{\beta}{2}=\frac{1}{2}\varepsilon E_{\text{sun}}\sinh\frac{1-p^m}{1-1.4\ln p}\cos^2\frac{\beta}{2} \tag{2.15}$$

式中:α_l 为目标表面对长波辐射的吸收率;ε 为目标表面发射率。

根据基尔霍夫定律,在工程上可以认为 $\alpha_l=\varepsilon$,以下对目标所接收辐射热量的计算也都是建立在这一基础上的。

目标表面接收地面对太阳的反射辐射与目标表面朝向有关。对于水平面,只需考虑对上述太阳直射辐射和太阳散射辐射的反射;对于倾斜面,则还需考虑来自地面的反射辐射,即

$$Q_{\text{sunref}}=\varepsilon\left[rE_{\text{sun}}p^m\sinh+\frac{1}{2}E_{\text{sun}}\sinh\frac{1-p^m}{1-1.4\ln p}\right]\rho_{\text{ground}}\left(\frac{1}{2}-\frac{1}{2}\cos\beta\right) \tag{2.16}$$

式中:ρ_{ground} 为地面的太阳反射率,通常对草地取0.17~0.22,对水泥路面取0.33~0.37,一般地面反射率平均值可取0.2,有雪时取0.7。

所以目标表面接收到的太阳辐射为

$$Q_{\text{sun}} = Q_{\text{sundir}} + Q_{\text{sundis}} + Q_{\text{sunref}} \tag{2.17}$$

2）地面的辐射

目标表面还将受到地面直接辐射的影响，尤其是在晚上没有了太阳的辐射，地面的辐射影响就变得更加重要。对处于开阔地带水平地面上的物体而言，地面对物体的张角接近180°，即地面可以近似为一个位于下方的无限大水平灰体平面，目标表面接收到地面的辐射为

$$Q_{\text{ground}} = \varepsilon\varepsilon_{\text{ground}}\sigma T_{\text{ground}}^4 F_{\text{ground}} \tag{2.18}$$

式中：$\varepsilon_{\text{ground}}$为地面的发射率，且$\varepsilon_{\text{ground}} = 1 - \rho_{\text{ground}}$；$T_{\text{ground}}$为地面温度，可近似用周围大气温度代替；$F_{\text{ground}}$为目标表面对地面辐射的角系数，对于顶部的水平面，$F_{\text{ground}}$取为0，对于侧部的垂直面，$F_{\text{ground}}$取为0.5。若是目标的周围布满高大建筑物或者山体，则还需考虑目标与这些物体之间的辐射换热，情况就要复杂一些，但也可以根据其具体的相互位置进行数值辐射传热计算。

3）天空大气的辐射

天空大气的辐射也是影响目标温度的一个因素，大气的辐射主要是一种长波辐射。大气在吸收了一定的太阳热量和地球的热量后，具有了一定的温度，因而也会向目标进行辐射。天空的大气辐射也可以等效为一个位于上方的无限大水平灰体平面，目标表面接收到天空的大气辐射为

$$Q_{\text{sky}} = \varepsilon\varepsilon_{\text{sky}}\sigma T_{\text{sky}}^4 F_{\text{sky}} \tag{2.19}$$

式中：T_{sky}为大气温度；F_{sky}为目标表面对大气等效灰体平面辐射的角系数，对于顶部的水平面，F_{sky}取为1，对于侧部的垂直面，F_{sky}取为0.5；ε_{sky}为大气的等效发射率，它的值一般常用Brunt方程式计算，即

$$\varepsilon_{\text{sky}} = 0.51 + 0.208\sqrt{e_{\text{a}}} \tag{2.20}$$

式中：e_{a} 为空气中水蒸气分压力，单位是kPa。

以上的计算都是在晴空的条件下进行的。若是阴天，由于云层通常很低，则可以把云层等效为263K左右的黑体。

综上所述，外界环境作用于目标表面的辐射热能为

$$Q_{\text{radi}} = Q_{\text{sun}} + Q_{\text{ground}} + Q_{\text{sky}} \tag{2.21}$$

4）目标自身的辐射

目标表面向外部空间辐射损失的热能可由斯忒藩－玻耳兹曼定律得到，即

$$Q_{\text{rado}} = \varepsilon\sigma T^4 \tag{2.22}$$

5）对流

由于目标表面与空气的对流换热而进入目标的能量为

$$Q_{conv} = H(T_{air} - T) \tag{2.23}$$

式中：H 为外表面对流换热系数，其值与风速和目标运动的速度有关。

在强迫对流情况下，有

$$H = 0.7331 |T - T_{air}| + 1.9v + 1.8 \tag{2.24}$$

式中：v 为目标速度与风速的矢量和；T_{air} 为空气温度，它和太阳辐射强度一样具有逐日逐年周期性变化的特性。对于晴天，一般下午 2～3 时气温达到最高；而在凌晨 4～5 时达到最低，其变化具有简谐波的形状，但又非严格的正弦或余弦形式。可将第 t 小时的气温 $T_{air}(t)$ 的表达式展开成两阶傅里叶级数的形式：

$$T_{air}(t) = a_0 + a_1 \cdot \cos w(t - b_1) + a_2 \cdot \cos 2w(t - b_2) \tag{2.25}$$

式中：角频率 $w = 2\pi/24$，采用最小二乘法可求出这些常数的值。

若天气预报测量日的最高最低气温分别为 T_{max} 和 T_{min}，则日较差为 $\Delta T = T_{max} - T_{min}$，该日的平均气温为 $T_{aver} = T_{max} - 0.522\Delta T$，对某一地区，式(2.25)用最小二乘拟合的结果为

$$T_{air}(t) = T_{aver} + 0.489\Delta T \cdot \cos\frac{\pi}{12}(t - 15.05) + 0.062\Delta T \cdot \cos\frac{\pi}{6}(t - 1.17) \tag{2.26}$$

2. 导热微分方程

利用导热微分方程可以求出在一定边界条件作用下目标内的温度随空间和时间的分布状态，由此可以得出目标表面的温度分布状态和随时间的变化。导热微分方程以能量守恒定律和傅里叶定律为基本依据，它在笛卡儿坐标系的一般形式为

$$\rho c \frac{\partial T}{\partial \tau} = \frac{\partial}{\partial x}\left(k \frac{\partial T}{\partial x}\right) + \frac{\partial}{\partial y}\left(k \frac{\partial T}{\partial y}\right) + \frac{\partial}{\partial z}\left(k \frac{\partial T}{\partial z}\right) + \Phi_v \tag{2.27}$$

式中：ρ 为密度；c 为比热容；τ 为时间；k 为热导率；Φ_v 为微元单位体积的发热功率。

当没有内热源而且平面板壁的高度和宽度远大于厚度时，三维导热则可按一维导热处理。对于机动目标的方舱式车体外壳、水泥混凝土路面以及建筑物的外墙壁等很多目标外表面结构，大都满足此条件，温度场的基本方程可简化为无内热源的一维导热微分方程，即

$$\rho c \frac{\partial T}{\partial \tau} = k \frac{\partial^2 T}{\partial x^2} \tag{2.28}$$

3. 边界条件的确立

边界条件指导热物体在其边界面上与外部环境之间在热交换方面的联系或相互作用。对于非稳态导热,它常常是使过程得以发生和发展的外界驱动力。边界条件通常有三类:第一类边界条件为规定沿导热物体边界面上的温度值;第二类边界条件为给定导热物体边界面上的热流密度;第三类边界条件为规定边界面上的换热状态。显然对于目标的外边界,大都属于第三类边界条件。由前面目标表面与外界环境的热量交换的分析,可以得外边界条件为

$$k\frac{\partial T}{\partial n}\Big|_{\text{边界面}} = Q_{\text{radi}} - Q_{\text{rado}} + Q_{\text{conv}} \tag{2.29}$$

式中:n 为边界面某处的外法线方向。

式(2.29)等号左边表示由目标表面向内部导热而损失的热量,右边表示由辐射和对流综合作用造成的目标表面得到的热量。对于目标的内边界,则需要根据具体情况确定边界条件。一般情况下,其边界条件仍然满足式(2.29),但对于具有较好保温结构的目标,由于其内部空调等设备的控温调节措施,通常可认为内壁的温度近似保持不变,此时可简化为第一类边界条件。

4. 数值计算与结果分析

1)数值计算方法

用数值方法求解导热问题,首先要将求解区域离散化。对于方舱式车体外壳、建筑物顶层面、壁面和路面,可将壁体从外向内分为 n 个薄层,设总厚度为 X,则薄层厚度为 $\Delta x = X/n$,若同时令计算时间 $t = k\Delta\tau(k = 0,1,2,\cdots)$,则 t 时刻第 i 个薄层的中心温度可表示为 $T(k,i)$,如图2.4所示。

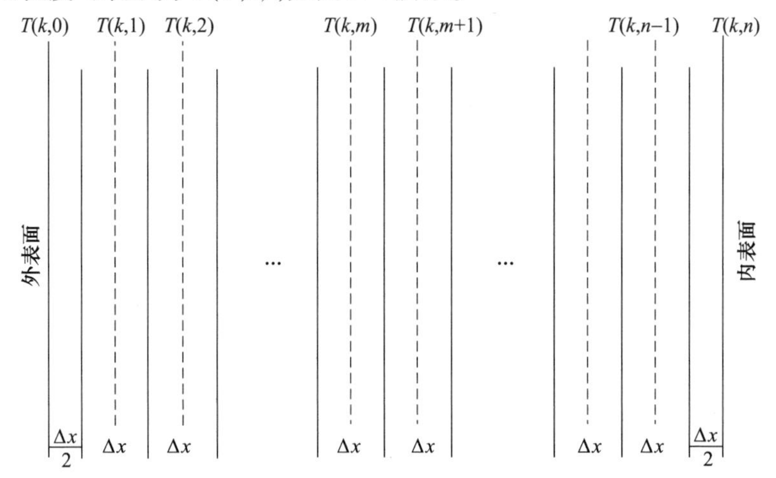

图2.4　一维导热空间区域划分与节点

对于导热微分方程，差分主要有向前差分和向后差分两种格式，利用向前差分格式，离散结果为

$$\rho c\frac{T(k+1,i)-T(k,i)}{\Delta\tau}=k\frac{T(k,i+1)+T(k,i-1)-2T(k,i)}{(\Delta x)^2}\tag{2.30}$$

利用向后差分格式，离散结果为

$$\rho c\frac{T(k+1,i)-T(k,i)}{\Delta\tau}=k\frac{T(k+1,i+1)+T(k+1,i-1)-2T(k+1,i)}{(\Delta x)^2}\tag{2.31}$$

以上把基本的差分格式代入导热微分方程就能得出节点方程的情况只限于内节点。对于边界节点，需要利用能量平衡方法推出节点方程。对于外表面如式(2.29)的第三类边界条件，边界节点方程的显式格式为

$$\rho c\frac{T(k+1,0)-T(k,0)}{\Delta\tau}\cdot\frac{\Delta x}{2}=k\frac{T(k,1)-T(k,0)}{\Delta x}+Q_{\text{radi}}^{k}+Q_{\text{conv}}^{k}-Q_{\text{rado}}^{k}\tag{2.32}$$

即

$$\begin{aligned}\rho c\frac{T(k+1,0)-T(k,0)}{\Delta\tau}\cdot\frac{\Delta x}{2}=k\frac{T(k,1)-T(k,0)}{\Delta x}+\\Q_{\text{radi}}^{k}+H[T_{\text{air}}^{k}-T(k,0)]-\varepsilon\sigma T^{4}(k,0)\end{aligned}\tag{2.33}$$

边界节点方程的隐式格式为

$$\rho c\frac{T(k+1,0)-T(k,0)}{\Delta\tau}\cdot\frac{\Delta x}{2}=k\frac{T(k+1,1)-T(k+1,0)}{\Delta x}+Q_{\text{radi}}^{k+1}+Q_{\text{conv}}^{k+1}-Q_{\text{rado}}^{k+1}\tag{2.34}$$

即

$$\begin{aligned}\rho c\frac{T(k+1,0)-T(k,0)}{\Delta\tau}\cdot\frac{\Delta x}{2}=k\frac{T(k+1,1)-T(k+1,0)}{\Delta x}+\\Q_{\text{radi}}^{k+1}+H[T_{\text{air}}^{k+1}-T(k+1,0)]-\varepsilon\sigma T^{4}(k+1,0)\end{aligned}\tag{2.35}$$

对于内表面节点方程，普通情况下与外表面相同，但其辐射项由于密闭空间的相互反射要变得复杂得多，具体计算方法见参考文献。为简化计算，通常情况下可以认为每个内表面接收到的辐射能量等于其由于热辐射而损失的能量。因此，其内边界节点方程相对于外边界节点方程而言，可以忽略辐射项。同时，由于其内部空调等设备的控温调节措施，通常可认为室内空气的温度保持不变。如果车体或壁体较厚而且保温结构较好，可以近似认为内壁面温度为常数，此时可简化为第一

类边界条件。对于初始条件,计算通常从凌晨开始,此时可以认为车体或壁体温度沿厚度方向近似成线性分布,即

$$T(0,i)=T_2+i\frac{T_1-T_2}{n}\quad i=0,1,\cdots,n \tag{2.36}$$

式中:T_1 和 T_2 分别为内表面和外表面的初始温度值。

隐式格式与显式格式的基本区别在于:节点下一时刻的温度值,显式格式中是用四周相邻节点以及它自身的当前温度值来表示的;隐式格式中是用相邻节点的下一时刻以及自身节点的当前时刻温度来表示的。

显式差分格式的优点主要是无须联立求解,也不用迭代;缺点是对时间步长的选取有严格的约束,即要满足节点当前温度项的系数必须保证大于零的稳定性条件。隐式格式的缺点是需要联立方程组迭代求解;优点是不受稳定性条件的限制,即可以任意选择时间与空间步长,不用担心计算结果会振荡或者发散。当然,加大步长会导致计算精度降低。

通常情况下,对于相同精度的要求结果,隐式格式的计算量要明显大于显式格式的计算量。但是,本研究主要是针对一天24h当中的目标温度变化情况,利用隐式格式适当地加大步长,并不会对结果精度造成明显的影响;而利用显式格式时,由于受稳定性条件的限制,通过分析确定它虽适合于较厚目标在较短时间内的高精度温度计算,却不适合薄体目标长时间范围内的温度计算,原因是它对时间和空间步长有着严格的限制,造成占用计算机内存量以及计算量都很大。在综合比较以后,采用隐式格式的数值计算更容易在普通计算机上实现。

利用隐式格式在联立方程组迭代计算时,还面临着外边界条件含辐射项温度四次方的问题。为此,可以利用泰勒公式作线性化处理,由泰勒公式可得

$$\begin{aligned}T^4(k+1,i)=T^4(k,i)+4T^3(k,i)[T(k+1,i)-T(k,i)]+\\O\{[T(k+1,i)-T(k,i)]^2\}\end{aligned} \tag{2.37}$$

忽略式(2.37)的高阶无穷小项 $O\{[T(k+1,i)-T(k,i)]^2\}$,并化简可得

$$T^4(k+1,i)=4T^3(k,i)T(k+1,i)-3T^4(k,i) \tag{2.38}$$

利用隐式格式,把所有节点的差分方程联立进行迭代求解,可得各个薄层温度随时间变化的曲线,而从研究目标红外特性的目的来讲,最为关心的是外表面温度值,而 $T(k,0)$ 就是最终所要求解的外表面温度值。

2) 结果与讨论

由以上理论分析可见,当目标的各个表面处于不同方位时,其所接收到的热量将不同,表面温度和红外辐射特征也就不一样。要验证上述理论的准确性,需要进行具体的计算并通过试验的验证。在计算和测试时需要对几个不同的方位(一般

可取典型的东、南、西、北四个方位)同时进行,掌握目标各个表面的红外特征,进而可以描绘出目标的立体红外特征。图 2.5 示出了对某目标不同方位表面温度的计算结果,为了验证模型的准确性,同时对其表面温度进行了间隔时间为 1h 的实际测量,结果如图 2.5 所示。计算和测量的时间为 2005 年 9 月 26 日 1~24 时。

计算和测试结果表明,理论计算值与实测值基本吻合,计算值与实测值的误差大部分时间都在 2K 左右,说明了理论模型的合理性。造成误差的原因:一是大气透明率为一经验估计值,与实际值可能存在一定误差;二是气温模拟值与实测值也存在微小的误差;三是周围环境的实际变化影响如地面辐射等与理论计算也存在一定误差。但是,在白天它们的影响相对于太阳来说很小,在晚上没有太阳时就会明显一些。由图 2.5 也可以看出白天有太阳时计算的误差要比夜晚小一些,这主要是由于白天主要是太阳作用的结果,而太阳对目标各个方位的辐射可以比较精确的计算出来。

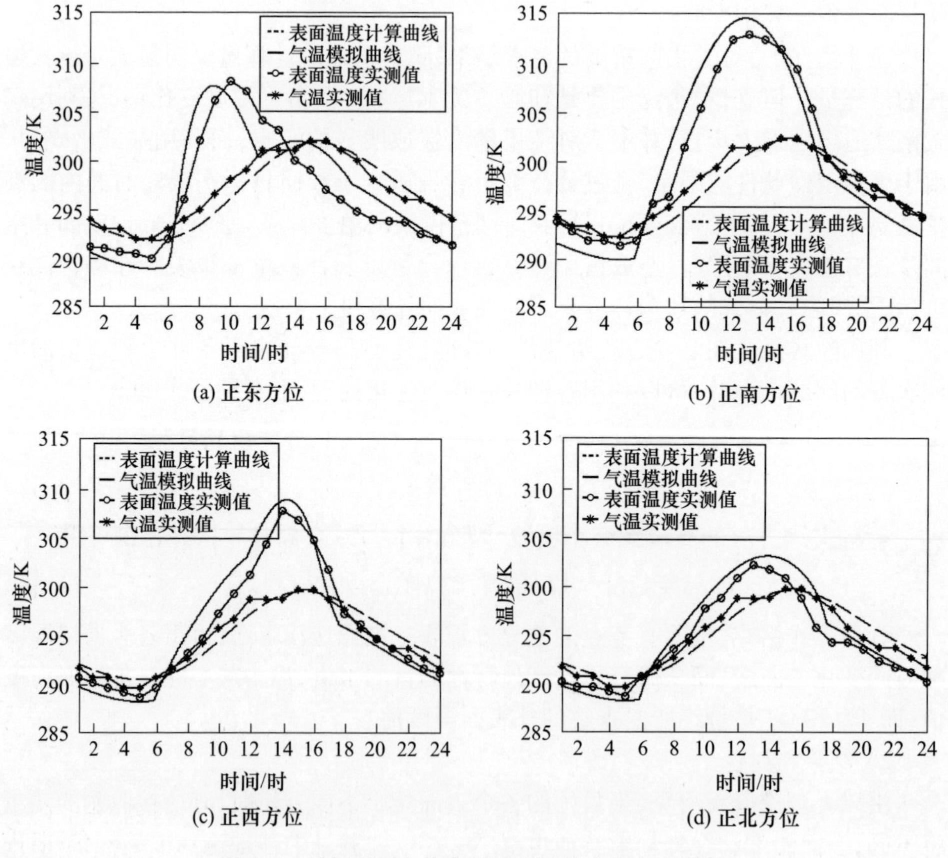

(a) 正东方位　(b) 正南方位　(c) 正西方位　(d) 正北方位

图 2.5　目标不同方位表面温度计算曲线和实测值

可以看出，在一天中目标不同方位的表面温度变化情况是不一样的，方位正东表面由于最先得到太阳的辐射温度迅速升高，到接近中午的 10 时左右达到最高值，之后由于得不到太阳直接辐射，温度开始呈迅速下降趋势，但下降一段时间后温度在午后 3 ~4 时又有缓慢的微小上升，这主要是因为在这时的空气温度以及大气散射、地面反射等热量达到最大值，造成了温度的微小回升（但是实测数据没有显示出来）。方位正南表面大部分时间都能得到太阳直射热量，从早上温度开始上升，一直持续到 13 时左右达到最大值，之后由于太阳辐射减弱，温度开始呈下降趋势。方位正西表面由于在午后才能得到太阳的直射热量，故直到午后 15 时左右才达到最高值，之后开始呈下降趋势。北向壁面由于始终没有得到太阳的直射热量，所以温度变化比较平缓，只是在空气温度以及大气散射、地面反射等热量在午后 14 时左右达到最大值时，温度才达到一天中的最高值，但是与其他方向的壁面比较，其温度浮动非常小。

综合各个方位表面的温度变化，在白天时由于方位不同，其温度变化也明显不同，故不同的表面其红外辐射必然不同，从各个不同的方位来看将呈现比较明显的立体特征。在晚上各个方位的表面温度波动幅度不大，接近达到平衡状态，不同方位表面温度差别不大，从各个不同的方位来看，其立体特征将没有白天明显。

另外车体外壳或装甲的厚度不同，其温度变化过程也不相同。图 2.6 表示处于不同厚度的车体外壳或装甲，由室内常温 300K 的环境下在凌晨 1 时突然置于室外时温度随时间的变化曲线，可以看出其温度的变化情况是不同的。厚度大的要比厚度小的温度变化缓慢，这是由于厚度大的壳体热惯量比厚度小的壳体要大一些，因而温度变化要缓慢一些，导致温度的变化有比较明显的滞后。

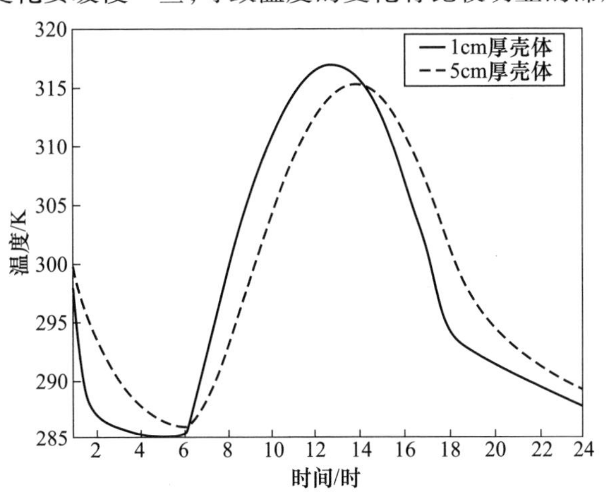

图 2.6　不同厚度的车体外壳温度变化曲线

2.2.3.2 目标不同方位的红外辐射特性

1. 红外辐射的计算

目标的红外辐射主要由其自身发射的红外辐射和反射的环境红外辐射两个部分构成。通常情况下目标可以认为是灰体或是不同灰体的组合,而灰体的反射是漫反射。由于任何辐射量的计算都可以由辐射亮度的计算得出,所以计算出了辐射亮度以后,就可以根据目标的实际形状得出目标的红外辐射特性。

1) 自身辐射

计算出目标表面温度以后,若在全电磁波段,则总的辐射出射度为

$$M = \varepsilon\sigma T^4 \tag{2.39}$$

目标的辐射亮度可由漫辐射源的辐射特性得出,即

$$L_s = \frac{M}{\pi} \tag{2.40}$$

若不是漫辐射源,则须有辐射亮度的定义式来计算。若考虑到目标的光谱特性,则可以根据普朗克定律,计算出它在 $\Delta\lambda$ 为 $\lambda_1 \sim \lambda_2$ 波段的辐射出射度为

$$M = \int_{\Delta\lambda} \varepsilon_\lambda \frac{c_1}{\lambda^5} \frac{1}{e^{\frac{c_2}{\lambda T}} - 1} d\lambda \tag{2.41}$$

2) 反射辐射

目标对环境的反射辐射为

$$M_r = \rho_e Q_r \tag{2.42}$$

式中:ρ_e 为等效反射系数;Q_r 为外界对目标辐射量的总和。

目标反射的辐射亮度可由漫反射源的辐射特性得出,即

$$L_r = \frac{M_r}{\pi} \tag{2.43}$$

若要考虑反射的光谱特性,则需要考虑大气的传输特性,需运用相应的大气传输软件进行计算。

综上所述,目标的总辐射亮度为

$$L = L_s + L_r \tag{2.44}$$

3) 计算结果

图 2.7 示出了不同方位表面的辐射亮度在一天 24h 中的变化曲线。为了便于分析,图中同时示出了太阳辐射和表面温度的变化。

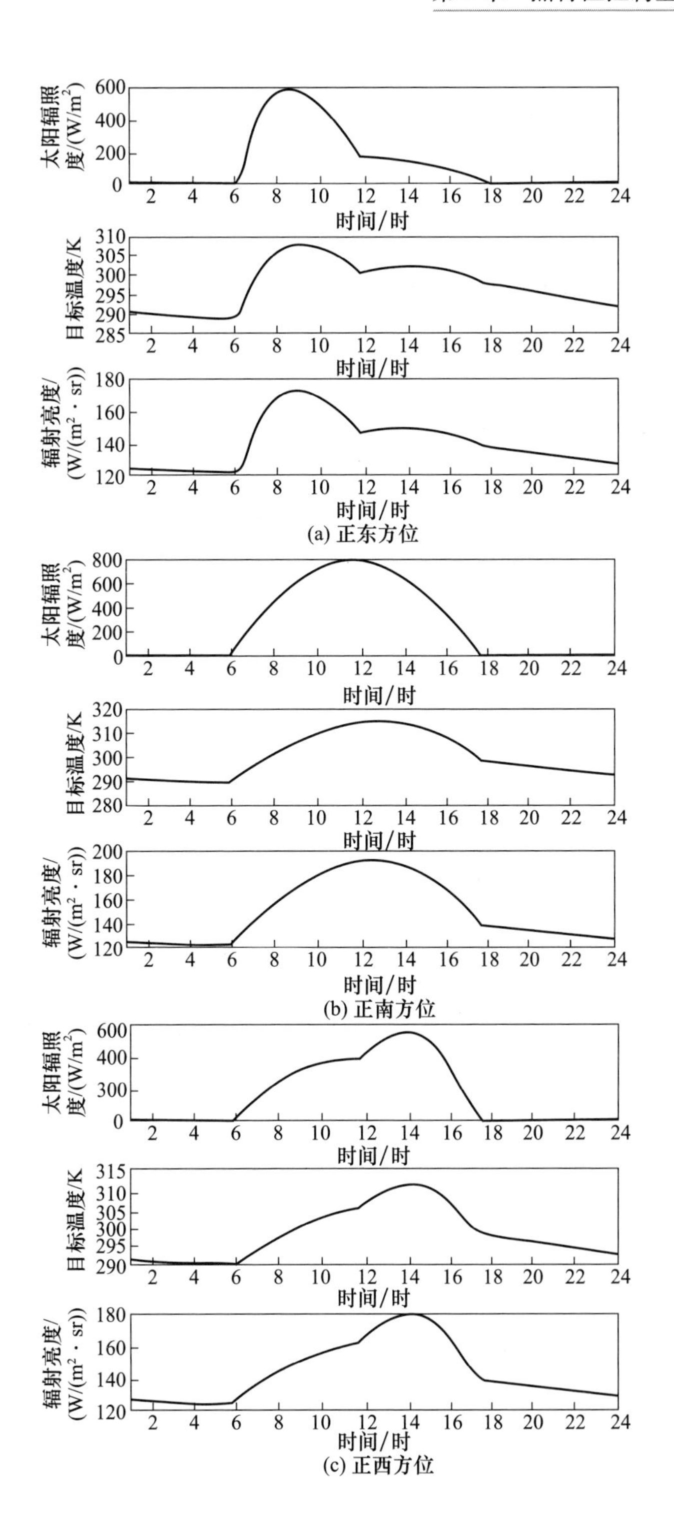

(a) 正东方位

(b) 正南方位

(c) 正西方位

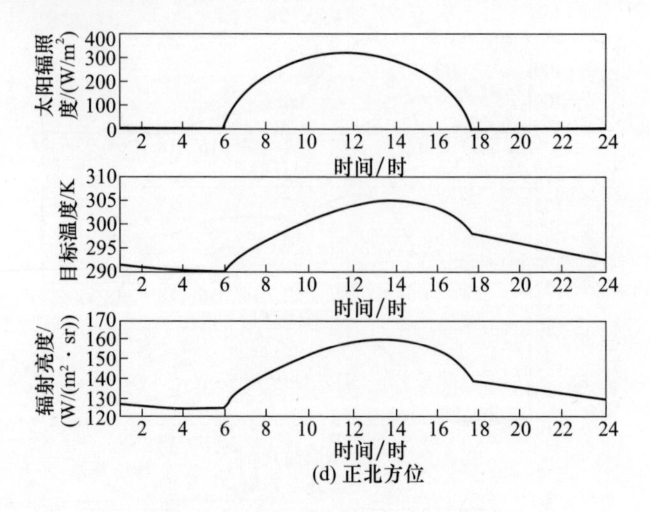

(d) 正北方位

图 2.7　目标不同方位辐射亮度曲线

由图 2.7 可以看出,目标不同方位的红外辐射在一天中的变化特点是不相同的,但是其变化都与相应方位的温度在一天中的变化趋势基本一致,在此不再赘述。只是目标辐射亮度变化到最高点时比太阳辐射的变化稍微滞后,而比目标温度的变化又稍微超前,这正是由于目标的辐射是由自身发射的红外辐射和反射背景的辐射引起的。目标自身辐射的变化是由温度变化引起的,而温度的变化由于热惯性而滞后于太阳辐射的变化,目标反射太阳的辐射则与太阳辐射的变化同步。这两种因素综合作用造成了目标的辐射亮度变化滞后于太阳辐射变化而略超前于温度变化。当傍晚来临太阳辐射消失后,目标表面温度和辐射亮度慢慢降低并逐渐接近平衡状态,直到次日黎明时再次接收到太阳辐射。

图 2.8 所示为用热像仪实拍的某建筑物红外图像。由图 2.8 可以看出,在白天受阳光照射的顶面和一个侧面其红外辐射较强,不受阳光照射的侧面其红外辐射较弱,立体特征显著;在晚上不同侧面的红外辐射相差不大,立体特征不明显。

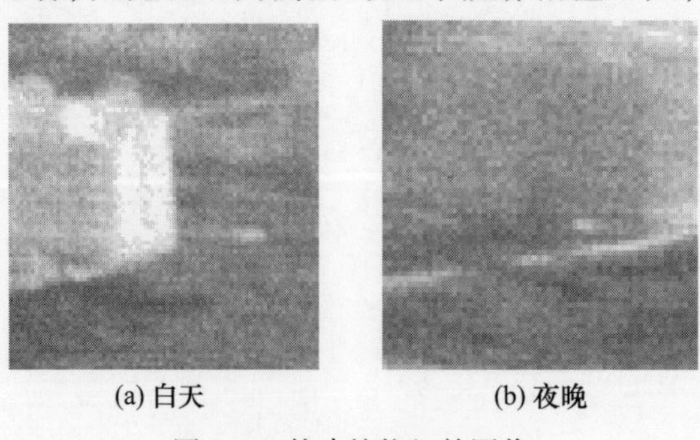
(a) 白天　　(b) 夜晚

图 2.8　某建筑物红外图像

它直观地验证了本文目标温度和红外辐射计算模型的合理性。

2. 大气对目标红外辐射的影响

热辐射在经过大气的传输过程中，会发生衰减，导致衰减的主要原因是大气中某些分子（水蒸气、二氧化碳和臭氧等）与气溶胶的吸收和散射，以及云、雾、雨、雪等微粒的散射。

大气衰减对地面目标红外特性的影响表现在两个方面：一是在白天大气通过对阳光的吸收和散射作用影响到目标的表面温度，进而影响到目标的红外辐射；二是在地面目标的红外辐射到达探测器前要经过大气的衰减。由前面的讨论可知，目标表面接收到的太阳直接辐射和太阳与目标表面之间的角系数有关，不同方位的表面所接收到的太阳辐射是不相同的。尤其是与太阳角系数为零的目标表面，无法接收到太阳直接辐射，此时大气散射辐射就起着主要作用。理论上当大气透过率为0和1时，大气散射辐射都为0，当大气透过率为0～1时，大气散射辐射将大于0，由此可见大气散射辐射并不是大气透过率的单调函数，因而大气透过率对目标某些方位表面温度的影响函数将是复杂的，由此决定了大气对地面立体目标红外辐射的综合影响也是复杂的。下面将在以上所建立的目标温度和红外辐射模型基础上，进一步研究大气对地面立体目标红外辐射特征的综合影响。

1）大气对目标温度的影响

利用能量守恒原理，对目标表面可建立如式（2.29）的方程，等号左边一项表示由于目标内部和表面之间的热传导而产生的热流密度。为了讨论的方便，假设目标内表面是绝热的，即式（2.29）左边一项为零，则

$$Q_{\mathrm{radi}} - Q_{\mathrm{rado}} + Q_{\mathrm{conv}} = 0 \tag{2.45}$$

以合肥地区冬夏两个不同季节的两个日子的（分别为大暑和大寒）中午12时为例，分别计算南北两个典型方位的（倾斜角为90°，即垂直于地平面）绝热目标表面，通过计算机编程得到，在其他参数一定的情况下，目标表面温度与大气透明系数的关系，如图2.9所示。

通常情况下，大气透明系数一般不会为0，更不可能为1（因为$P=1$则说明大气不存在或大气没有衰减作用），可以认为接近这两种极限时的情况在实际中并不存在。因此，下面的讨论主要在大气透明系数位于0.1～0.9的区间内。由图2.9可以看出以下问题。

（1）在不同的季节、不同的目标方位，目标表面的温度随大气透明系数的变化关系是不一样的。即使是在正午时间，目标表面的温度也并非都是随着大气透明系数的增加而增加的。目标的表面温度随大气透明系数的变化有的是先增大后减小，这主要是因为大气透明系数的增大虽然会使作用于目标上的太阳直射热量增加，但是会降低大气对太阳散射的热量。尤其是对于方位角为北的目标表面，在正

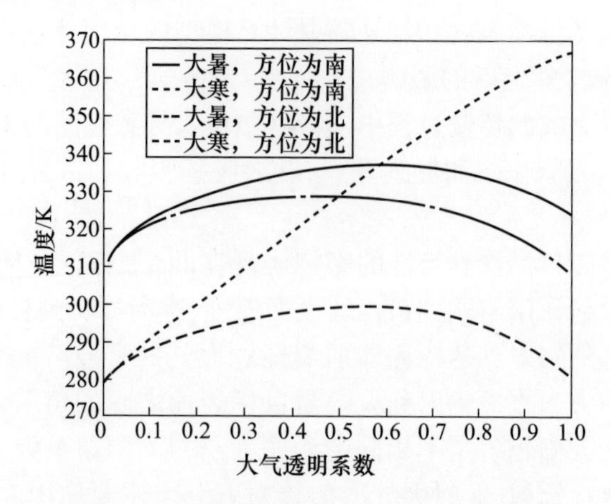

图 2.9　大气透明系数对目标表面温度的影响

午无法得到太阳的直射热量,若没有大气的散射作用,则将得不到太阳的辐射热量,因而大气散射的太阳热量对方位角为北的表面温度起主要作用。当大气透明系数大于一定值之后,散射热量便随着大气透明系数的增大而减小,温度就会降低。这说明在一定的目标方位角的条件下,大气对太阳辐射的散射作用对目标的温度有着显著的影响,由进一步的理论分析得到,影响的大小主要取决于目标表面和太阳的角系数,在此不做祥述。

(2) 在大暑日且方位角为南时,目标的温度一开始随着大气透明系数的增加而升高,达到一定的最高值之后开始有不同程度的下降,这是因为在正午南面能同时得到太阳的直射热量和大气对太阳的散射热量的共同作用,由于大气透明系数的不同,太阳直射热量和散射热量的增减也不同。在大气透明系数达到一定值之后,目标温度开始下降,是因为虽然太阳直射热量增加了,但是散射却减小了,增加的太阳直射分量要小于减小的散射分量,造成了温度的下降。

(3) 图 2.9 中出现了在大气透明系数大于一定值时目标在大寒日正午的表面温度高于目标在大暑日正午的表面温度的情形。这一方面是因为在大寒时太阳对南向表面的角系数大于在大暑时太阳对南向表面的角系数,造成了在大气的衰减作用很弱时,太阳在大寒日要比在大暑日作用于南向表面的辐射强(由此可以推出,若没有大气层则地球就不会存在明显交替变化的“四季”);另一方面是因为目标内表面的绝热条件导致了南向表面在大寒日正午得到的太阳辐射热量不能及时地向内部低温物体传导。

2) 大气传输衰减对目标红外辐射的影响

计算出绝热表面温度以后,可根据式(2.39)~式(2.44)计算出亮度 $L = L_s + L_r$。

目标的辐射到达探测器前要经过大气的衰减。以红外侦察卫星为例，如果卫星的高度角为 h，则到达卫星红外探测器上的目标辐射亮度为

$$L' = L \cdot p^{\frac{1}{\sin h}} \tag{2.46}$$

3）大气状况对目标红外特性的综合影响

通过前面求得的目标表面温度，根据式(2.46)即可得到到达探测器的红外辐射亮度与大气透明系数的关系。通过计算机编程，可得图2.10。

由图2.10可以看出，大气透明系数对目标红外辐射特性的综合影响是目标到达太空红外探测器上的辐射亮度为大气透明系数的单调递增函数。这说明虽然大气透明系数的提高可能会造成目标表面温度的降低，但是由于大气对红外辐射的衰减影响的作用，总的效果是：大气透明系数越高，目标到达太空红外探测器上的辐射亮度越大。

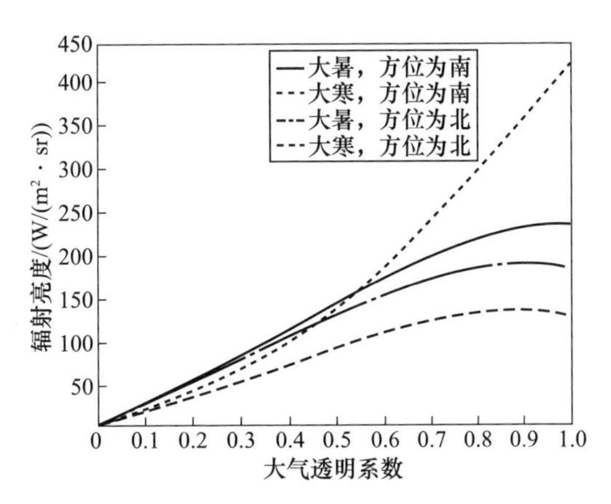

图2.10　大气透明系数对目标红外辐射特性的综合影响

2.2.4　车辆目标的红外特征

机动目标在行驶过程中：一方面发动机的工作会产生大量的热量引起周围部分的高温，进而产生很强的红外辐射，这些辐射一部分会被车体挡住或反射到地面，没有挡住的部分便向空间辐射强烈的红外辐射，构成了车辆红外特征的重要一部分；另一方面，由于轮胎在转动过程中由于和驱动轴以及路面的摩擦也产生大量的热量，温度迅速升高，因此轮胎也发出很强的红外辐射。另外，车辆的尾喷口如果没有被车体遮挡的话，也将是一个非常重要的红外辐射源。总体来说，车辆相对于背景会有一个明显的特征。这些特征使得车辆容易被红外热成像系统发现。

2.2.5 路面背景的红外特性

对于路面温度的计算，和建筑物顶面温度的计算类似，只是对于路面下方达到一定深度时可近似认为温度为常数，即下边界符合第一类边界条件。不管是普通的水泥混凝土路面还是柏油路面，都具有明显规则的分层特征，混凝土路面结构纵断面如图 2.11 所示。

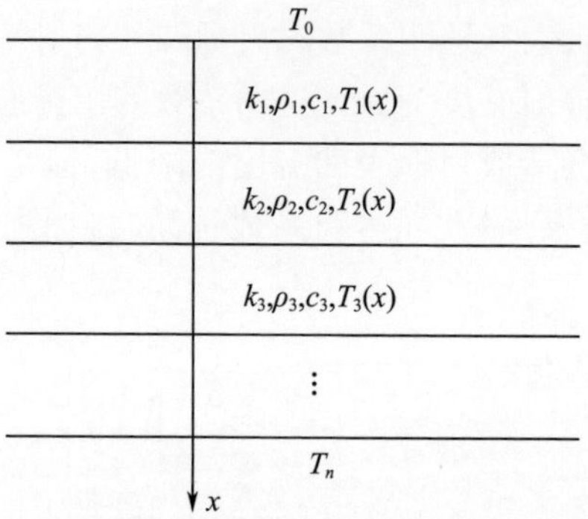

T_0

$k_1,\rho_1,c_1,T_1(x)$

$k_2,\rho_2,c_2,T_2(x)$

$k_3,\rho_3,c_3,T_3(x)$

$\vdots$

T_n

x

图 2.11　水泥混凝土路面结构纵断面示意图

对于层与层之间的接触边界，根据能量守恒原则，接触面上不仅温度一样，热流密度也必须保持一致，如对于第一层和第二层的边界面，应符合以下条件：

$$T_1 = T_2 \big|_{\text{边界面}}, \quad k_1 \frac{\partial T_1}{\partial n}\Big|_{\text{边界面}} = k_2 \frac{\partial T_2}{\partial n}\Big|_{\text{边界面}} \tag{2.47}$$

式(2.47)也通常称为第四类边界条件。利用前述温度计算模型和此边界条件，对不同的路面温度计算结果如图 2.12 和图 2.13 所示。

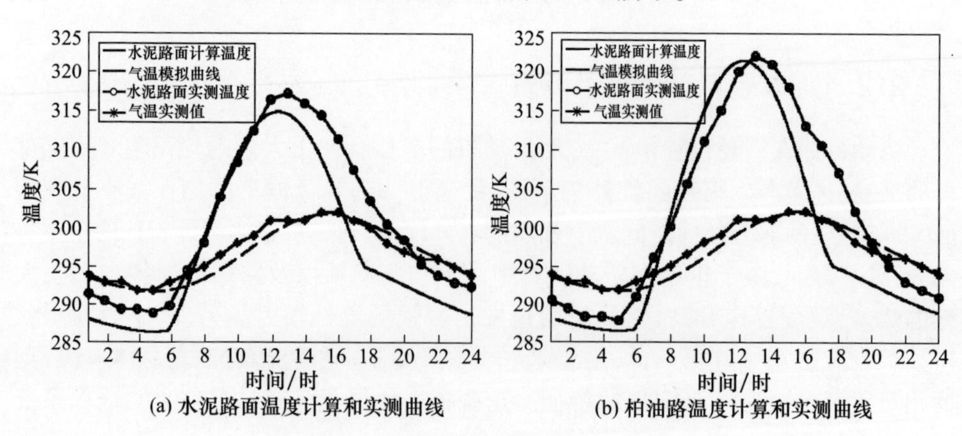

图 2.12　向阳路面温度计算和实测曲线

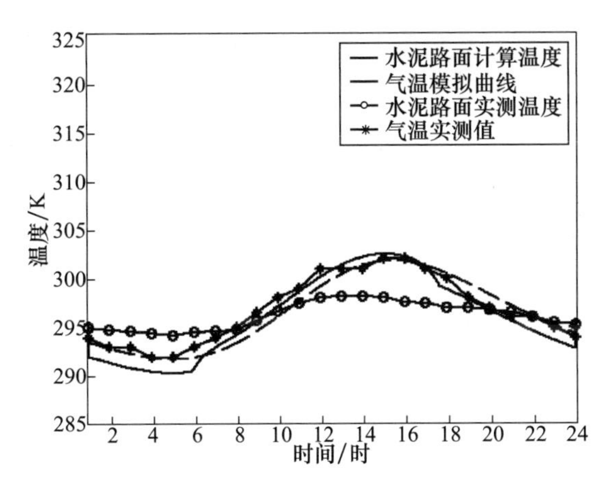

图2.13　水泥背阴路面温度计算和实测曲线

由图2.12和图2.13可以看出，由于对太阳短波吸收率的不同，在相同的条件下，柏油路面在一天中达到的最高温度要高于水泥混凝土路面。可见不同材料的路面其温度和红外辐射是不同的。另外背阴处的路面温度变化比较平缓，在白天要远远低于太阳能够直射的路面。由此可以推测，当目标在山间道路行驶时，由于道路有时会处于山的阳面，有时会处于山的阴面，故目标所处的背景必然随着时间和空间的变化而不断变化。

为进一步验证上述理论推理，利用红外测温仪对机动目标行驶过程中所经历的某山区路面的温度特性进行了测试，测试时目标的行驶速度为30km/h。图2.14为其中的两组典型温度数据记录；图2.15为用热像仪拍摄的无遮挡时和有遮挡时路面的红外图像。通过对大量试验数据的整理研究，可得出如下结论。

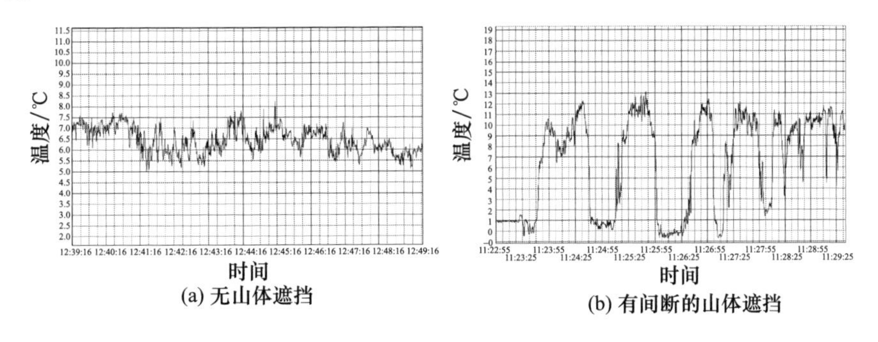

图2.14　车辆行驶所经历山路温度的起伏

(1) 道路没有山体遮挡阳光时，路面温度通常在2～4K的温差范围上下起伏，整体来看，温度的起伏类似一种随机噪声，造成这种结果的原因主要是由于

(a) 光照均匀

(b) 有遮挡

图 2.15 路面红外图

测试的路面随时空的变化造成的。此时如果能够控制机动目标的温度和路面平均温度之差在 2 ~ 4K,则目标将淹没在这种温度起伏中,从而实现很好的防护。有关文献也有"目标和背景的温差在 4K 以内即可达到很好的防护效果"的结论。相关标准中对目标一级红外伪装的要求即是把目标和背景温差控制在 4K 以内。

(2) 道路有间断的山体遮挡时,在山路上向阳和背阴面的地面辐射温度有明显的差别。这主要是由于光照对路面的辐射加热作用不同,向阳处由于太阳的加热温度伴随着太阳的加热迅速升高,背阴处由于得不到太阳的直射热量,温度处于比较低的状态,两者的温差可超过 10K。

2.2.6 其他背景的红外特征

地面固定目标一般都处在一定的地面背景中,如公路、沙丘地、沙土地、干涸河滩地、卵石地、沙石地、草丛地和树林等,使得目标与背景的合成热图像变得复杂多样。地面背景的红外辐射有两种机理产生:一是自身的红外辐射,主要在 4μm 以上的区域;二是反射的太阳辐射,其中包括天空散射的太阳辐射,这部分辐射主要在近红外区,即小于 3μm 的区域。

在太阳照射下,不同的地物背景(如土壤、沙漠和植被等)昼夜 24h 内红外辐射温度的变化规律是不同的。水泥地相对于裸露地表,它在昼夜时间内的温度变化范围较大,而植被在昼夜时间内的温度变化较小。因此对于同一目标,在昼夜时间内它与不同背景的红外辐射温度差也是不同的。对于给定的红外成像系统,其温度分辨率 ΔT 是确定的,所以在目标与背景的红外辐射特性研究中,应特别注重研究目标与背景的红外辐射温度差 $|T_t - T_b| \leqslant \Delta T$($T_t$ 为目标红外辐射温度,T_b 为背景红外辐射温度)的条件、状态和时间。在目标和背景温差小于一定数值的条件下,红外成像系统不能从背景中识别出目标的红外图像。图 2.16 所示为冬天各

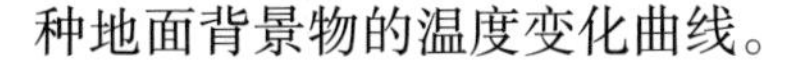

种地面背景物的温度变化曲线。

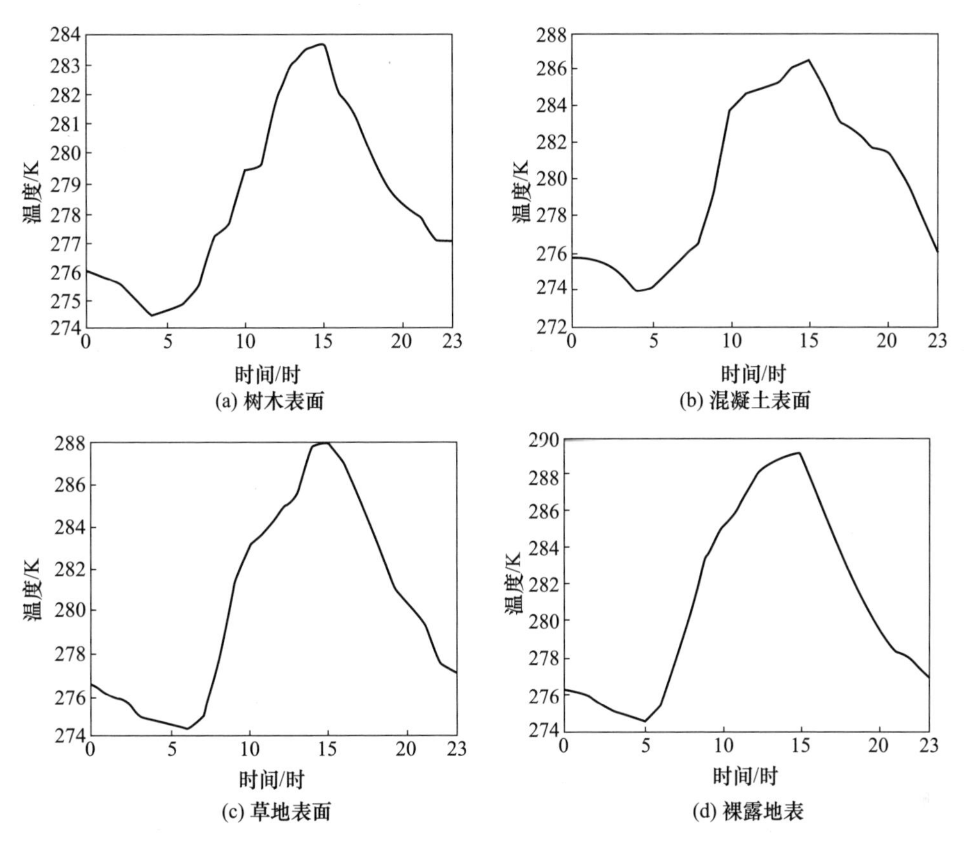

(a) 树木表面　(b) 混凝土表面

(c) 草地表面　(d) 裸露地表

图2.16　某区域的各种地面背景物的温度变化曲线

2.3　目标热特征控制系统构成与工作原理

2.3.1　目标热特征控制系统构成

目标热特征控制系统的基本构成主要由隐身防护模块、控制模块、供电模块和散热模块四个子模块组成，如图2.17所示。系统通过实时测量目标所处背景的红外辐射特征，以此特征作为对目标辐射特征控制的标准；控制系统通过实时测量目标隐身防护模块表面的红外辐射，并与测量的背景红外辐射相比较，以比较的结果作为依据，来输出指令实时控制目标防护系统表面的红外辐射特征，使其与背景红外辐射特征相一致。

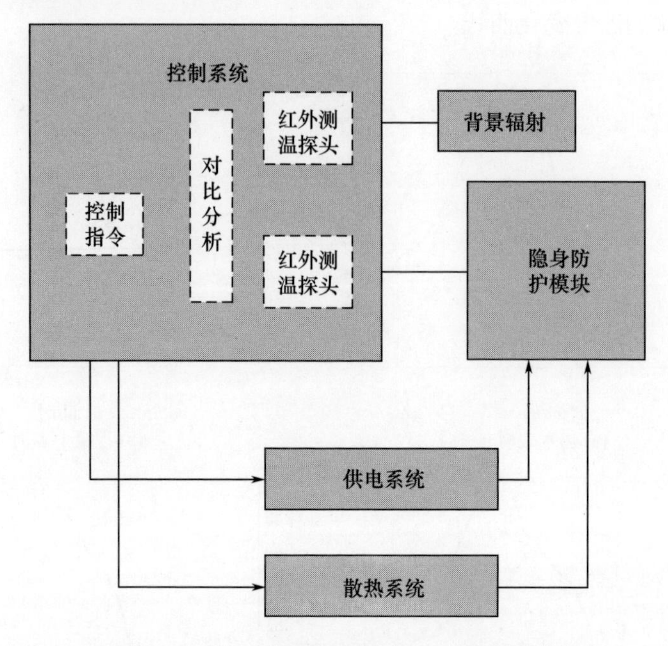

图 2.17　目标红外热特征控制技术样机组成方案

其工作流程如图 2.18 所示。在工作过程中，前端探测器不断采集隐身模块表面和背景的辐射温度数据，经过初级处理后，送模/数转换（A/D），然后送到系统的控制部分，控制部分的计算机按照预先规定的控制策略进行判断、分析、处理，形成输出控制信号，该信号再经过处理后驱动隐身模块表面的半导体阵列，以调节隐身模块表面辐射温度，使隐身模块表面和背景的辐射温度基本保持实时一致，从而实现地面固定目标的红外自适应隐身。

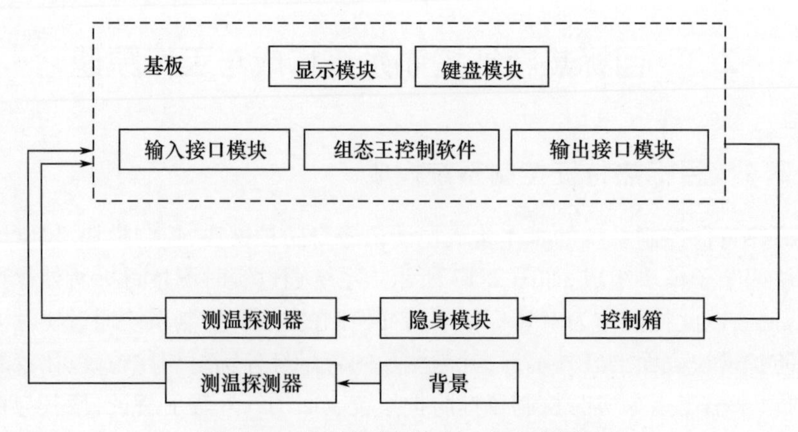

图 2.18　目标热特征控制工作流程框图

2.3.2 隐身防护模块的工作原理

隐身防护模块由电致变温器件及相应的附属机构组成。隐身防护模块根据被保护目标的情况制作成相应的大小或形状,安装在被防护的目标上。工作时,红外测温传感器不断地探测背景和隐身防护模块的红外辐射,系统通过对比分析隐身防护模块和背景的红外辐射差异,发出相应的控制指令,调整隐身防护模块的温度,使隐身防护模块的红外辐射与背景保持一致,隐身于背景之中。同时,另一方面控制隐身防护模块的散热系统,使隐身防护模块处于一个良好的工作状态。系统既可以独立工作,也可以根据需要,将本系统的工作状态上报,接受上一级的控制进行相应工作状态的转换。

隐身防护模块是用来实现目标防护的主要部件,其形状、大小、重量、功耗、温控范围根据被保护目标的具体情况进行设计。隐身防护模块由电致变温器件和安装支撑机构组成,采用模块化设计,便于架设和撤收。电致变温器件在支撑机构上即插即用。隐身防护模块使用时安放于目标之上,将被保护目标遮蔽。同时,调整隐身防护模块的红外辐射特性,使其和背景一致,从而使红外系统无法从背景中发现被隐身防护模块防护的目标。电致变温器件阵列被固定在铝合金支架板上,并在器件和铝合金板之间涂敷导热硅脂,使其与外界进行较好的热交换。

隐身防护模块是热辐射控制功能演示样机的核心部分,它的性能直接影响系统的红外隐身效果。隐身防护模块的温度通过加在各个电致变温器件的两端电压进行控制。隐身防护模块发出的辐射量与温度、发射率有关,其中对于特定的隐身防护模块,其发射率是固定的,这样通过对温度的控制,就可以达到对隐身模块发出辐射量的控制。为了和可见光防护相兼容,隐身防护模块上可以喷绘所处地域背景的可见光迷彩图像或军绿色伪装,伪装迷彩图像基本上不影响红外自动防护效果。

根据被保护目标的形状,隐身防护模块拟采用如下两种构型:矩形平板式构型和拱形构型。

平板式构型由 24 片电致变温器件以 4 横 6 纵的方式排列成一个隐身防护模块,如图 2.19 所示,其大小规格为 750mm × 500mm。电致变温器件采用直流供电串联式工作,工作时整个平板保持同一温度。目前的试验主要在平板构型的隐身防护模块上展开。

拱形构型隐身防护模块由 24 片电致变温器件以近似于 4 横 6 纵的方式排列成一个隐身防护模块,每片之间以 10° 夹角进行排列,拱形长度为 750mm,宽度为 500mm。横截面的样式如图 2.20 所示。拱形构型隐身防护模块是在平板式构型隐身模块的基础上,使用新研制电致变温器件进行制作。将在温度控制范围、最大温差、防护时间等多个指标上进行优化。

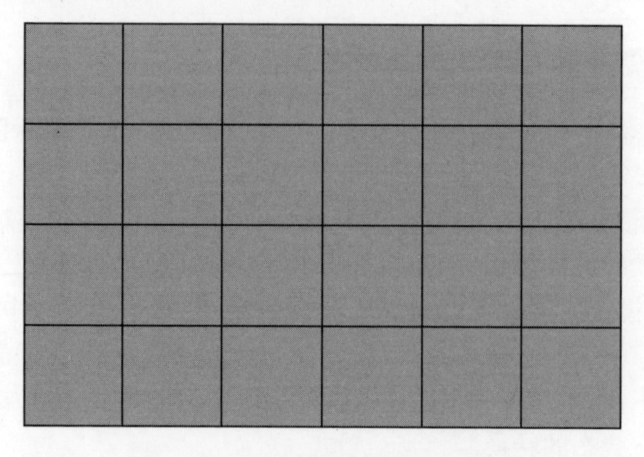

图 2. 19　平板式构型隐身防护模块

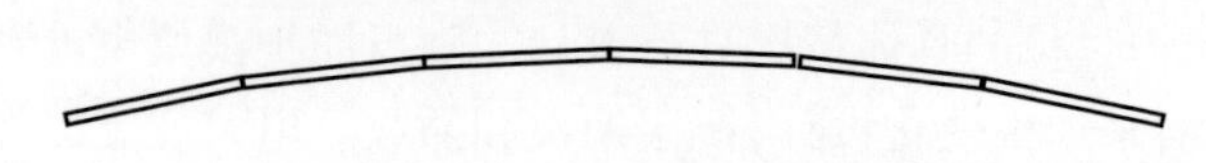

图 2. 20　拱形构型隐身防护模块

其中电致变温器件的工作原理基于热电效应。把若干对半导体热电偶在电路上串联起来,当然其在传热方面则却是并联的,在两并联端固联上陶瓷等材料基板,构成电致变温器件,类似于常见的半导体制冷器,如图 2. 21 所示。

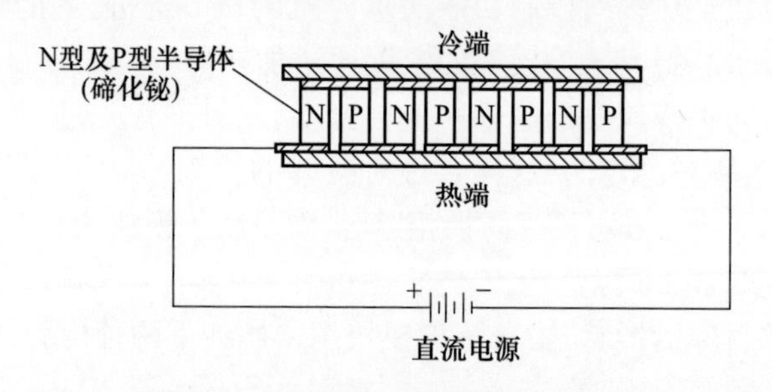

图 2. 21　电致变温器件结构示意图

按图 2. 21 所示接上直流电源后,在接头处就会产生温差和热量的转移。在上面的接头处,电流方向是 N→P,温度下降并吸热,这就是冷端;在下面的接头处,电流方向是 P→N,温度上升并放热,这就是热端。将制冷器的冷端放到工作环境中去吸热降温,并采用散热手段使热端不断散热,这就是电致变温器件的工作原理。

2. 3. 3　控制系统的工作原理

控制系统是红外热特征控制样机的决策控制部分,其基本构成如图 2. 22 所示。从系统的小型化考虑,系统采用单片机作为控制系统核心。控制系统通过控

制加载在电致变温器件上电压的大小来控制目标表面制冷制热的快慢。系统根据目标背景温差大小的不同，灵活设置加载在电致变温器件上的电压大小。

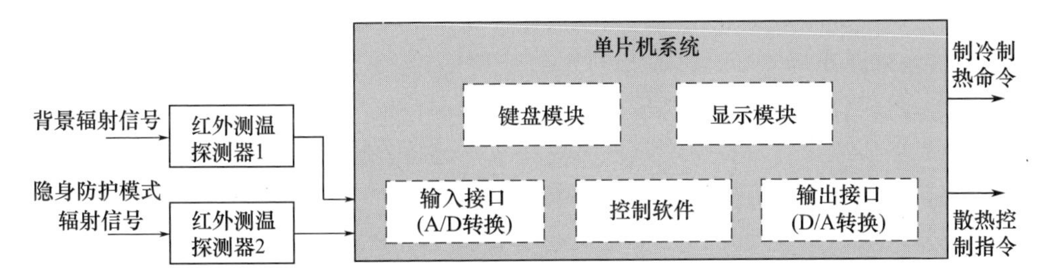

图2.22　控制系统的基本构成

通过两个红外测温探头现场分别采集背景和隐身模块表面的数据，经信号放大电路放大后，输入至PCI-1713信号输入模块，再经由ADAM-4520转换器输出至主机，从串口读取数据，把读取的两路数据相比较，并调用控制算法进行数据处理，由数字量输出卡PCI-1752输出控制指令，对继电器进行开关控制，输出电压，对隐身模块进行调温，从而达到降低隐身模块表面与背景对比度的目的。

2.3.4　散热模块的工作原理

由于隐身防护模块的电致变温器件工作中必然产生一定的热量，若不采用散热措施，这必将影响系统的整体性能和隐身模块的隐身效果。

2.3.4.1　功率器件及设备结构热设计的要求和准则

1. 热设计的要求

(1) 热设计应满足功率设备允许的最高工作温度(含降额要求)和功耗；

(2) 热设计应满足功率设备预期工作的热环境要求；

(3) 热设计应满足对冷却系统的限制要求；

(4) 热设计应符合与其有关的标准、规范规定的要求。

2. 热设计的原则

(1) 通过散热量的大小来控制温升；

(2) 选择合理的热传递方式(包括传导、对流、辐射)。除大的发热外，传导冷却可以解决许多功率器件的热设计问题；对中等的发热，对流冷却往往是合适的，因此应尽量利用传导、对流、辐射等冷却方式，尽量避免外加冷却装置；

(3) 功耗、热阻和温度是热设计中的重要参数，温度大小是热设计中有效性的一种量度；

(4) 用到的冷却系统应该有效、简单、重量轻而又经济,并且适用于电子和机电设备以及环境条件的要求;

(5) 热设计应考虑:尺寸和重量、热耗量、经济性、与实效率对应的元器件最高允许温度、电路布局、热环境、设备的复杂程度等;

(6) 热设计应与电气及机械设计同时开始;

(7) 应在热设计过程早期阶段对冷却系统进行分析;

(8) 热设计不得有损于元器件的电性能;

(9) 最佳热设计与最佳电设计有矛盾时,可以采用折中解决的办法;

(10) 热设计中常允许出现大的容差。

3. 热控制方法

热控制即确定元器件和设备的冷却方法,冷却方法的选择直接影响到元器件和设备的组装设计、可靠性、重量和成本等。目前广泛应用的冷却方法有空气冷却方式、热管式散热方式、液态冷却方式等。根据设计要求和设计原则,采用空气冷却方式,其散热装置结构如图 2. 23 所示。

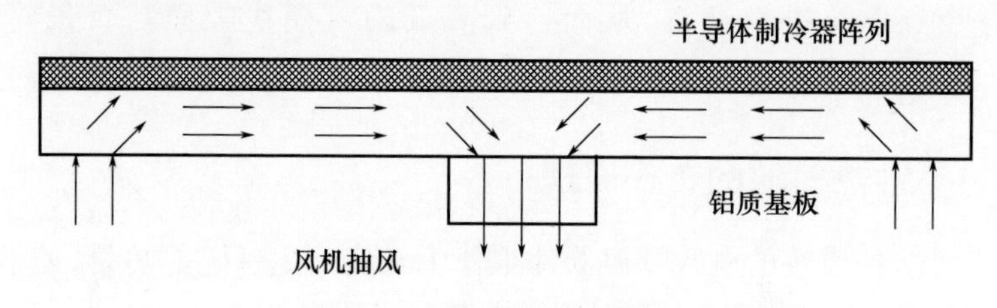

图 2. 23　散热装置示意图

空气冷却方式包括"自然通风散热"和"强迫通风散热"。

1) 自然通风散热

在一些热流密度不太高、温升要求也不高的情况下,通常采用自然通风散热。传热途径是:内部元器件产生的热量通过传导、对流、辐射的方式传给外壳,外壳再以对流、辐射方式将热量传给环境。环境温度一定时,散热效率取决于外壳。优点是结构简单、冷却成本低、可靠性高。当原理样机隐身模块不要求大幅降温的时候,停止散热风扇的工作,通过自然散热即可。

2) 强迫通风散热

对于一些热流密度大、温升控制要求比较高的情形,采用强迫风冷散热。此时,自然对流与辐射散热量约占 10% ,其余热量由强制通风时的对流力强制带走。特点是散热效率高,其散热系数是自然通风散热效率的 2 ~4 倍。在本节前面的介绍中,采用了 5 个散热风机进行强行散热(强迫通风散热如图 2. 23 所示),特别是在进行大幅降温的时候,需要强行散热,但采用强迫风冷噪声大、功

耗增加。

2.3.4.2　隐身模块的热计算

元件与外界热交换有传导、对流、辐射三种方式。对于整个样机隐身模块几乎没有和外界热的良导体接触，这就限制了传导热的影响，热传导可以忽略不计，所以样机与外界进行热交换主要由两部分组成：对流换热和辐射换热。

隐身模块与环境进行热交换，主要有从温度较高的被防护目标吸收的辐射能 $\Phi_{吸}$、由输入的电能转化的热能 W_{in}、由散热装置散出的热量 $\Phi_{散}$，以及隐身模块上表面向外界辐射的辐射能 Q_{out}。

隐身模块从温度较高的被防护目标吸收的辐射能 $\Phi_{吸}$，由具体被防护目标的温度、外形和距离等具体因素决定。

隐身模块所消耗的电能为

$$W_{电} = P_{电} \cdot \Delta t = \frac{U^2}{R_{in}} \cdot \Delta t \tag{2.48}$$

式中：$P_{电}$为隐身模块总功率；R_{in}为隐身模块总电阻；I_{in}为脉冲电流值；Δt_I 为脉冲电流单位时间内通过隐身模块的时间，可以表示为 $\Delta t_I = f \times t_p$，其中 f 为通过该隐身模块的脉冲电流频率，t_p 为脉冲电流周期。

散热装置散出的热量为

$$\Phi_{散} = hA_b\theta_b + hnA_f\theta_m = hA_b\theta_b + hnA_f\eta_f\theta_b \tag{2.49}$$

式中：$\eta_f = \theta_m / \theta_b$。

对于矩形等截面直肋参数修正后，有

$$\begin{cases} L' = L + \dfrac{\delta}{2} \\ A_f = 2wL' \\ \eta_f = \dfrac{\tanh(mL')}{mL'} \\ m = (2h/\lambda\delta)^{1/2} \end{cases} \tag{2.50}$$

隐身模块上表面向外界辐射的辐射能为

$$Q_{out} = h_1 \times A \times (T_1 - T_{sur}) + \varepsilon_1 \times A \times \sigma_0 \times (T_1^4 - T_{sur}^4) \tag{2.51}$$

式中：T_1 为隐身模块上表面温度；T_{sur}为环境温度；σ_0 为黑体辐射常数；ε_1 为隐身模块上表面的发射率；h_1 为隐身模块上表面的对流换热系数；A 为隐身模块上表面面积。

对于该隐身模块的散热装置，只有在隐身模块表面温度高于背景温度时，也就是需要对隐身模块表面进行降温时,考虑其散热量才有意义。分成两种情形讨论。

(1) 当隐身模块表面温度 T_1 大幅高于背景温度 T_b,即 $T_1 > T_b$ 时。此时,原理样机最大功率工作,即 $U=5V$,若使隐身模块达到较好的隐身效果,则必须满足

$$\Phi_{散} + Q_{out} \geqslant P_{电} + \Phi_{吸} \tag{2.52}$$

(2) 当隐身模块表面温度 T_1 接近背景温度 T_b,即 $T_1 \approx T_b$ 时。因表面温度 T_1 接近背景温度 T_b,所以 Q_{out} 相对于其他热交换量可以略去不计。此时原理样机小功率工作,即 $U=1V$,若使隐身模块保持较好的隐身效果,则必须满足

$$\Phi_{散} \geqslant P_{电} + \Phi_{吸} \tag{2.53}$$

该原理样机在条件(2)的前提下,对该散热系统的热计算如下:

因为对于隐身模块的总输入电阻 $R_{in}=2.25\Omega$,则

$$P_{电} = \frac{U^2}{R_{in}} = \frac{1}{2.25} = 0.44(W)$$

在实验室内,取一典型情况下 $t_w=35℃$、$t_f=T'=15℃$。

该样机在强制散热时的抽风速率为 $v=2.6m/s$,则

$$h = 50W/(m^2 \cdot K)$$

$$\lambda = 225W/(m \cdot K)$$

$$n = 50$$

$$A_b = 0.01 \times 0.5 \times 50 = 0.25(m^2)$$

$$A_f = 0.02 \times 0.5 \times 2 = 0.02(m^2)$$

$$\theta_b = t_w - t_f = 35 - 15 = 20(℃)$$

$$L' = L + \frac{\delta}{2} = 0.02 + \frac{0.005}{2} = 0.0225(m)$$

$$(L')^{1.5}\left(\frac{h}{\lambda A_P}\right)^{0.5} = (22.5 \times 10^{-3})^{1.5} \times \left(\frac{50}{225 \times 22.5 \times 5 \times 10^{-6}}\right)^{0.5} \approx 0.15$$

因此,由肋效率曲线可查得样机的肋效率为

$$\eta_f = 90\%$$

由此可得

$$\begin{aligned}\Phi_{散} &= hA_b\theta_b + hnA_f\theta_m = hA_b\theta_b + hnA_f\eta_f\theta_b \\ &= 50 \times 20 \times (0.25 + 50 \times 0.02 \times 0.9) = 1150(W)\end{aligned}$$

将以上结果带入式(2.53),可得

$$\Phi_{吸} \leqslant 1150 - 0.44 = 1149.56(\mathrm{W})$$

因为对于该样机在既定条件下具有最大的散热量,因此对防护的高温物体的温度、外形和距离等具体因素是有限制的,否则 $\Phi_{吸}$ 过大将会大大降低样机隐身模块的隐身效果。

参考文献

[1] 赵镇南. 传热学[M]. 北京:高等教育出版社,2002.

[2] 陶文铨. 数值传热学[M]. 西安:西安交通大学出版社,2001.

[3] 盛裴轩,毛节泰. 大气物理学[M]. 北京:北京大学出版社,2003.

[4] 吕相银,金伟,杨莉. 地面目标红外立体特征[J]. 红外与激光工程,2014,43(9):2810-2814.

[5] 吕相银,邹继伟,凌永顺. 大气透明率对地面目标红外特性的影响研究[J]. 红外与激光工程,2007,36(5):615-618.

[6] 娄和利,吕相银,周园璞,等. 地面目标与背景的红外辐射对比度特性[J]. 红外与激光工程,2012,41(8):2002-2007.

[7] 朱寿远,魏德孟,姚军田. 主战坦克与地物背景红外辐射特性研究[J]. 红外技术,2000,22(5):45-50.

[8] 宣益民,韩玉阁. 地面目标与背景的红外特性[M]. 北京:国防工业出版社,2004.

[9] 宣益民,刘俊才,韩玉阁. 车辆热特征分析及红外热像模拟[J]. 红外与毫米波学报,1998,17(6):441-445.

[10] WOLLENWEBE F G. Weather impact on background temperatures as predicted by an IR-background model[M]. SPIE,1311:119-128.

[11] CURTIS J O,RIVERA S Jr. Diurnal and seasonal variation of structural element thermal signatures[M]. SPIE,1990,1311:136-145.

[12] GAMBOTTO J P,LEROY V. IR scene generation under various conditions from segmented real scenes[M]. SPIE,1993,1967:27-38.

[13] GAMBOTTO J P. Combing image analysis and thermal models for infrared scene simulations [M]. IEEE,1994,710-714.

[14] MERONI I,ESPOST V. Energy assessment of building envelopes through NDT method [M]. SPIE,1997,3066:50-58.

[15] 张建奇,方小平,张海兴,等. 自然环境下地表红外辐射特性对比研究[J]. 红外与毫米波学报,1994,13(6):418-424.

[16] 张建奇,方小平,张海兴,等. 自然地表红外辐射统计特性的理论模拟[J]. 西安电子科技大学学报,1998,25(1):43-46.

[17] J Q ZHANG,H X ZHANG,C C BAI. Thermal background model studies[J]. Infrared Physics

Technology. 1995,36(2):577 - 583.

[18] 陆艳青,王章野,董雁冰,等. 城市建筑物红外特性四季变化及其成像研究[J]. 红外与毫米波学报,2002,21(5):377 - 381.

[19] 魏玺章,黎湘,庄钊文,等. 红外目标背景及温度场的计算[J]. 红外与毫米波学报,2000,19(2):139 - 141.

[20] 彦启森,赵庆珠. 建筑热过程[M]. 北京:中国建筑工业出版社,1986.

[21] 张鹤飞. 太阳能热利用原理与计算机模拟[M]. 西安:西北工业大学出版社,2004.

[22] GONDA T,GERHART R. A comprehensive methodology for thermal signature simulation of targets and backgrounds[M]. SPIE,1098:23 ~ 27.

[23] R · 西格尔,J · R · 豪厄尔. 热辐射传热[M]. 曹玉璋,译. 北京:科学出版社,1990.

[24] 时家明,路远. 红外对抗原理[M]. 北京:解放军出版社,2002.

[25] 徐德胜. 半导体制冷与应用技术[M]. 上海:上海交通大学出版社,1999.

[26] 路远,凌永顺,李玉波. 地面目标红外辐射及防护研究[J]. 电子对抗技术,2003:18(6):37 - 40.

[27] 路远,凌永顺,胡振彪. 地面目标的红外辐射及隐身研究[J]. 航天电子对抗,2004,(1):60 - 62.

[28] 吕相银,凌永顺,李玉波,等. 地面机动目标的红外伪装技术探讨[J]. 激光与红外,2006,36(9):893 - 896.

[29] 吕相银,杨莉,凌永顺. 半导体制冷表面温度的动态特性[J]. 低温工程,2006,(6):45 - 47.

[30] 李玉波,吕相银,吴丹. 地面动目标防止红外成像探测的研究[J]. 半导体光电,2007,28(1):134 - 138.

[31] YANG X. Infrared radiation characteristic analysis for active - illuminated vehicle [J]. Procedia Engineering,2011,24:426 - 430.

[32] YANG X,HUANG C C,WU X D,et al. Infrared image simulation of building scene based on SVM[C]//Proceedings of IEEE 1st International Workshop on Education Technology and Computer Science,2009:450 - 454.

[33] 黄超超,吴小迪,杨星. 基于支持向量回归机的红外热像实时仿真[J]. 系统仿真学报,2010,22(5):1323 - 1326.

[34] YANG H,YANG X. Surface temperature analysis for infrared active - illuminated vehicle [J]. Procedia Engineering,2011,24:804 - 808.

[35] ZHOU Y P,YANG H,YANG X. An improved algorithm for image quality assessment [J]. American Journal of Engineering and Technology Research,2011,11(12):2494 - 2496.

[36] YANG X. Infrared radiation characteristic modeling for active - illuminated vehicle [J]. International Journal of Modelling and Simulation,2013,33(1):1 - 7.

第 3 章

电致变温器件热特征控制理论及试验分析

3.1 电致变温器件的基础——热电效应

电致变温器件是通过电流的大小及极性,实现不同程度升高或降低温度的器件。热电效应是电致变温器件研制的理论基础。总的热电效应是由同时发生的五种不同效应组成。其中塞贝克、珀尔帖和汤姆逊三种效应表明电和热能相互转换是直接可逆的,另外两种效应是热的不可逆效应,即焦耳和傅里叶效应。具有热电能量转换特性的材料,在通过直流电时有制冷功能,因此得名热电制冷。

1. 塞贝克效应

1821 年,德国人赛贝克发现了铜、铁这两种金属的温差电现象。如图 3.1 所示,在这两种金属构成的闭合回路中,对两个接头中的一个加热即可产生电流。在冷接头处,电流从铁流向铜。由于冷、热两个端(接头)存在温差而产生的电势差 E,就是温差电动势或称塞贝克电动势。这种由两种不同的金属构成的能产生温差热电势的装置称为热电偶。

试验指出,当 a、b 两种不同金属所构成的热电偶的两端温度分别为 T_h(热端温度)和 T_c(冷端温度)时,温差热电势为

$$E_{ab} = \alpha_{ab}(T_h - T_c) \tag{3.1}$$

式中:E_{ab}为温差电动势;α_{ab}为温差电动势率(塞贝克系数)。

2. 珀尔帖效应

1834 年法国人珀尔帖发现了塞贝克效应的逆效应,即当电流流经两个不同导体形成的回路时,结点上会产生放热和吸热现象,这个现象称为珀尔帖效应。放热或吸热大小由电流的大小来决定:

$$Q_p = \pi_{ab} I \tag{3.2}$$

式中:Q_p 为放热或吸热功率;π_{ab}为比例常数,称为珀尔帖系数;I 为工作电流。

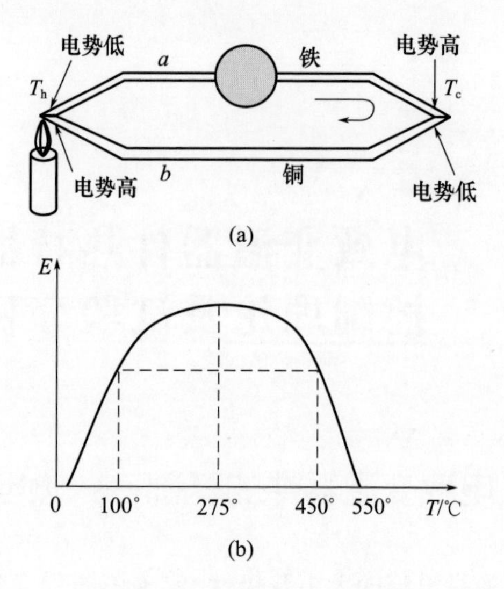

图 3.1　铜铁热电偶的温差电动势与温度关系曲线

由温差电路热力学分析,得赛贝克和珀尔帖系数之间的关系为

$$\pi_{ab}=\alpha_{ab}T \tag{3.3}$$

式中:T 为热力学温度。

因此,两种不同材料结点上单位时间内吸收或放出的热量为

$$Q_{\mathrm{p}}=\alpha_{ab}IT \tag{3.4}$$

珀尔帖效应可以用接触电势差现象定性的说明。由于接触电势差的存在,使通过接头的电子经历电势突变,当接触电势差与外电场同向时,电场力做功使电子能量增加 eE_{ab}。同时,电子与晶体点阵碰撞将此能量变为晶体内能的增量,结果使接头的温度升高,并释放出热量。当接触电势差与外电场反向时,电子反抗电场力做功 eE_{ab},其能量来自接头处的晶体点阵,结果使接头的温度下降,并从周围环境吸收热量。

半导体热电偶的珀尔帖效应特别显著。当电流方向从 P 型半导体流向 N 型半导体时,接头处温度升高并释放热量;反之,接头处温度下降并吸收热量。由于半导体内有两种导电机构,它的珀尔帖效应不能只用接触电位差来解释,否则将得出相反结论。下面用 P－N 结的能带图来进一步阐明这个问题。如图 3.2 所示。

当电流方向是 P→N 时,P 型半导体中的空穴和 N 型半导体中的自由电子相向做靠近接头处运动。在接头处,N 型半导体导带中的自由电子将通过接触面进入 P 型半导体的导带。这时,自由电子的运动方向是与接触电位差一致的,相当于金属热电偶冷端的情况,自由电子通过接头时将吸收能量。但是进入 P 型半导

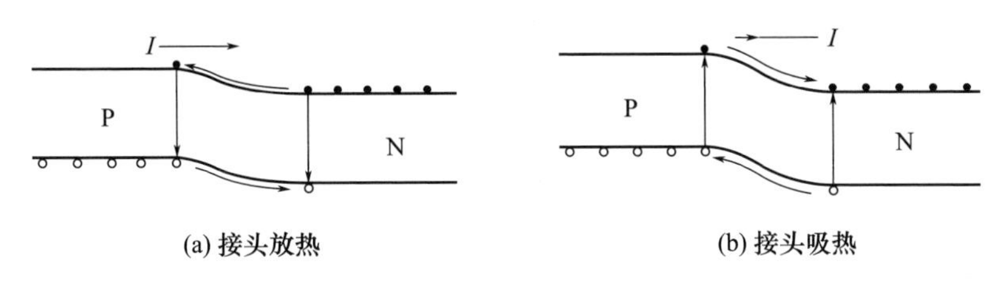

图3.2　半导体接头处的珀尔帖效应

体导带的自由电子立刻与满带中的空穴复合，它们的能量转变为热量从接头处放出。由于这部分热量大大超过它们为了克服接触电位差所吸收的热量，抵消一部分之后还是呈现放热。同样，P型半导体满带中的空穴将通过接触面进入N型半导体的满带，也同样要克服接触电位差而吸热，由于进入N型半导体满带的空穴立刻与导带中的自由电子复合，它们的能量转变为热量从接头处放出，这部分热量也大大超过它们为了克服接触电位差所吸收的热量，抵消一部分之后还是呈现放热。上述过程总的结果是接头处温度升高而成为热端，并向外界放热，产生制热效果。

当电流方向是N→P时，P型半导体中的空穴和N型半导体中的自由电子反向做离开接头处运动。在接头处，P型半导体满带中的电子跃入导带成为自由电子，在满带中留下空穴，即产生电子-空穴对。新生的自由电子立刻通过接触面进入N型半导体的导带，这时自由电子的运动方向是与接触电位差相反的，相当于金属热电偶热端的情况，自由电子通过接头时将放出能量。但是，产生电子-空穴对时所吸收的能量大大超过它们通过接头时放出的能量。同样，N型半导体也产生电子-空穴对，新生的空穴也立刻通过接触面进入P型半导体的满带，产生电子-空穴对时所吸收的能量也大大超过它们通过接头时放出的能量。上述过程总的结果是接头处温度下降而成为冷端，并从外界吸热，产生制冷效果。

珀尔帖效应的一个重要应用就是热电制冷。由于一对电偶的产冷量非常有限，实际中都是把电偶排成阵列制作成热电堆来工作的。把若干对热电偶在电路上串联起来，而在传热方面则是并联的，再在两并联端固联上陶瓷等材料基板，便构成一个完整的制冷器，其结构如图3.3所示。

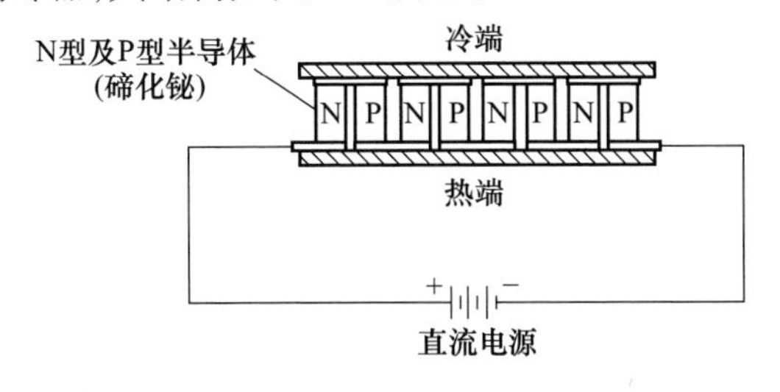

图3.3　热电制冷器结构示意图

按图3.3所示接上直流电源后，在接头处就会产生温差和热量的转移。在上面的接头处，电流方向是N→P，温度下降并吸热，这就是冷端；在下面的接头处，电流方向是P→N，温度上升并放热，这就是热端。在实际工作中，可以通过控制电流的方向来控制制冷器进行加热或制冷。

实用的热电制冷装置是由热电效应比较显著、热电制冷效率比较高的碲化铋等半导体热电偶构成的。

3. 汤姆逊效应

当电流流经存在温度梯度的导体时，则在导体和周围环境之间将进行如图3.4所示的能量交换，这种现象称为汤姆逊效应。单位长度吸收或放出的热与电流和温度梯度的乘积成比例，即

$$Q_T = \tau_m I \frac{dT}{dx} \tag{3.5}$$

式中：Q_T 为吸热或放热量，也称汤姆逊热；τ_m 为比例常数，称为汤姆逊系数；dT/dx 为温度梯度。

由于汤姆逊效应为二级效应，所以它在电路的热分析计算中处于次要地位，可以忽略不计。

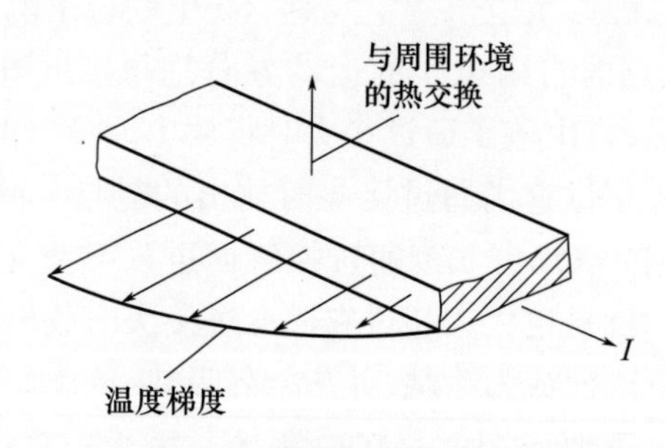

图3.4　汤姆逊效应示意图

4. 焦耳效应

单位时间内由稳定电流产生的热量等于导体电阻和电流平方的乘积，即

$$Q_J = I^2 R \tag{3.6}$$

5. 傅里叶效应

单位时间内经过均匀介质沿某一方向传导的热量与垂直这个方向的面积和该方向温度梯度的乘积成正比，即

$$Q_K = K(T_h - T_c) = K\Delta T \tag{3.7}$$

式中：K 为导体的热导；T_h 为热端热力学温度；T_c 为冷端热力学温度。

3.2 电致变温器件与外界的能量交换

变温器件的外表面与外界环境的热量交换主要以辐射和对流两种方式进行，其中有关 Q_{radi}、Q_{rado} 和 Q_{conv} 的表达式主要与外界换热有关，具体分析如下。

1. 太阳的辐射

在白天，太阳辐射的影响是主要的，其辐射通量随季节、时间、天气及地理条件的不同而不同。在处理太阳辐射时，一般将其分为直射、散射和地面反射三部分。太阳辐射中的各项可由下面的关系式确定。

目标表面接收到的太阳直接辐射为

$$Q_{sundir}=\alpha_{sun}rE_{sun}p^{m}F_{sun} \tag{3.8}$$

式中：α_{sun} 为目标表面对太阳辐射的吸收系数；r 为日地间距引起的修正值；$E_{sun}=1353W/m^2$，称为太阳常数；p 为大气透明系数，也称为大气透明率；m 为大气质量；p^m 为大气透过率，也称为大气透明度；F_{sun} 为目标表面对太阳直接辐射的角系数。

目标表面接收到的大气对太阳光的散射辐射为

$$Q_{sundis}=\frac{1}{2}\alpha_{l}E_{sun}\sinh\frac{1-p^{m}}{1-1.4\ln p}\cos^{2}\frac{\beta}{2}=\frac{1}{2}\varepsilon E_{sun}\sinh\frac{1-p^{m}}{1-1.4\ln p}\cos^{2}\frac{\beta}{2} \tag{3.9}$$

式中：α_l 为目标表面对长波辐射的吸收率；ε 为目标表面发射率；β 为斜面倾角。

目标表面接收地面对太阳的反射辐射与目标表面朝向有关。对于水平面，只需考虑对上述太阳直射辐射和太阳散射辐射的反射；对于倾斜面，则还需考虑来自地面的反射辐射，即

$$Q_{sunref}=\varepsilon\left[rE_{sun}p^{m}\sinh+\frac{1}{2}E_{sun}\sinh\frac{1-p^{m}}{1-1.4\ln p}\right]\rho_{ground}\left(\frac{1}{2}-\frac{1}{2}\cos\beta\right) \tag{3.10}$$

式中：ρ_{ground} 为地面的太阳反射率。

所以目标表面接收到的太阳辐射为

$$Q_{sun}=Q_{sundir}+Q_{sundis}+Q_{sunref} \tag{3.11}$$

目标表面接收到的地面辐射为

$$Q_{ground}=\varepsilon\varepsilon_{ground}\sigma T_{ground}^{4}F_{ground} \tag{3.12}$$

式中：ε_{ground} 为地面的发射率，且 $\varepsilon_{ground}=1-\rho_{ground}$；$T_{ground}$ 为地面温度，可近似用周围大气温度代替；F_{ground} 为目标表面对地面辐射的角系数。

2. 天空大气的辐射

目标表面接收到天空的大气辐射为

$$Q_{sky} = \varepsilon\varepsilon_{sky}\sigma T_{sky}^4 F_{sky} \tag{3.13}$$

式中:T_{sky}为大气温度;F_{sky}为目标表面对大气等效灰体平面辐射的角系数,对于顶部的水平面,F_{sky}取1,对于侧部的垂直面,F_{sky}取0.5;ε_{sky}为大气的等效发射率。

综上所述,外界环境作用于目标表面的辐射热能为

$$Q_{radi} = Q_{sun} + Q_{ground} + Q_{sky} \tag{3.14}$$

3. 目标自身的辐射

目标表面向外部空间辐射损失的热能可由斯忒藩-玻耳兹曼定律得到:

$$Q_{rado} = \varepsilon\sigma T^4 \tag{3.15}$$

4. 对流

目标表面与空气的对流换热而进入目标的能量为

$$Q_{conv} = H(T_{air} - T) \tag{3.16}$$

式中:H为外表面对流换热系数,其值与风速和目标运动的速度有关。在强迫对流情况下有

$$H = 0.7331\,|T - T_{air}| + 1.9v + 1.8 \tag{3.17}$$

式中:v为目标速度与风速的矢量和;T_{air}为空气温度。

由相关分析可知,外表面接收到外部环境的辐射主要来自太阳、地面和天空的大气。通常情况下,白天太阳的辐射作用对物体的表面温度起决定性的作用。不同的地理位置,不同的季节,不同的目标方位,不同的大气透明系数以及不同的时刻,太阳对物体表面的辐射是大不相同的。变温器件外表面向外辐射的热量则由其表面温度决定,而和空气的对流换热则与其表面温度和空气温度的温差相关。

图3.5为计算得到的在中午12时不同大气透明系数下某一温度下的目标不同方位的能量收支计算图。由图3.5可见,不同的大气透明系数,太阳对物体表面的辐射能量是大不一样的,物体表面的能量收支也不一样。根据物体表面能量收支的极限范围(由不同的季节、不同的目标方位、不同的大气透明率以及地理位置的范围确定),可以确定电致变温器件的制热制冷功率范围。当然考虑到误差因素要留有一定的冗余量。

3.2.1 电致变温器件的产冷与产热量

在制冷热电偶中,一个结点上放热,另一个结点上吸热,因此在两个结点间有温差。由于热传导,热量从热结点流向冷结点。同时电流产生的焦耳热使局部温度升高,温度升高使更多的热流流向冷结点。若在电流为I的导体上达到热平衡,则传导给冷结点的纯热流为

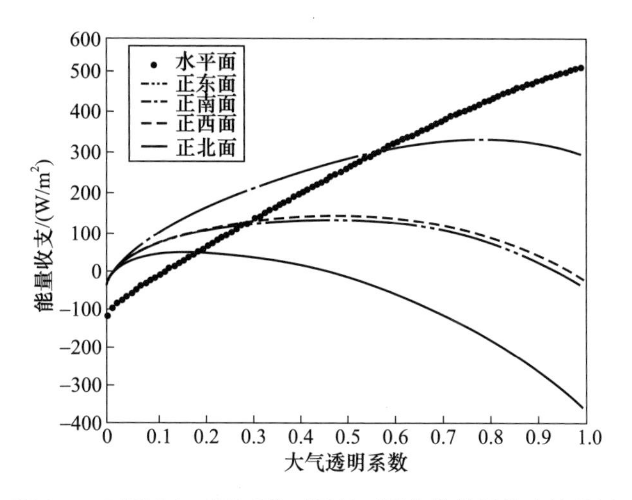

图3.5　不同大气透明系数下目标不同方位能量收支计算图

$$Q_{hc} = \frac{1}{2}I^2R + K\Delta T \tag{3.18}$$

由传导传给冷结点的总热量影响了珀尔帖制冷,因此把它减掉就得到单个热电偶的纯产冷量为

$$Q_c = \alpha T_c I - \frac{1}{2}I^2R - K\Delta T \tag{3.19}$$

所消耗的电功率为

$$W = I^2R + \alpha I\Delta T \tag{3.20}$$

一对电偶在热端放出的热量为

$$Q_H = Q_0 + W = \alpha I T_h + \frac{1}{2}I^2R - K\Delta T \tag{3.21}$$

单位电功率所能产生的制冷量为

$$\eta_c = \frac{Q_c}{W} = \frac{\alpha_{ab}T_cI - \frac{1}{2}I^2R - K\Delta T}{I^2R + \alpha I\Delta T} \tag{3.22}$$

式中:η_c 通常称为制冷系数。

3.2.2　能量控制方程的建立

当目标的表面温度高于背景温度,则需要电致变温器件对外表面制冷,此时 $Q = Q_c$,即

$$Q_{\text{radi}} - Q_{\text{rado}} + Q_{\text{conv}} = \alpha I T_{\text{c}} - \frac{1}{2} I^2 R - K\Delta T \tag{3.23}$$

当目标的表面温度低于背景温度，则需要电致变温器件对外表面制热，此时 $Q = Q_{\text{H}}$，即

$$Q_{\text{radi}} - Q_{\text{rado}} + Q_{\text{conv}} = \alpha I T_{\text{h}} + \frac{1}{2} I^2 R - K\Delta T \tag{3.24}$$

3.2.3 电致变温器件制冷特性分析

电致变温器件的产冷量、制冷系数以及耗电功率和电压、热端产生的热量与电流的关系如图 3.6 所示。其中纵坐标的单位，冷端产冷量、功率和热端产热量都为瓦(W)，电压为伏特(V)。

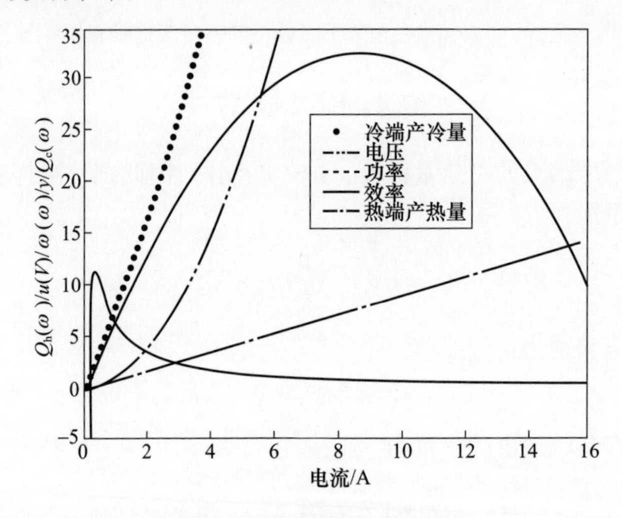

图 3.6 变温器件工作曲线

由图 3.6 可以看出，制冷量 Q_{c} 和制冷系数 η_{c} 都是随着电流的增加由小到大达到一个峰值以后开始下降，也就是说制冷量 Q_{c} 和制冷系数 η_{c} 都存在一个最大值。经过计算，可得到工作于最大产冷量状态时的电流为

$$I_{Q_{\text{cmax}}} = \frac{\alpha}{R} T_{\text{c}} \tag{3.25}$$

消耗的电功率为

$$W_{Q_{\text{cmax}}} = \frac{\alpha^2 T_{\text{h}} T_{\text{c}}}{R} \tag{3.26}$$

所能产生的最大制冷量为

$$Q_{\text{cmax}} = \frac{\alpha^2 T_{\text{c}}^2}{2R} - K\Delta T \tag{3.27}$$

热端放出的热量为

$$Q_{H_{\text{cmax}}} = \frac{\alpha^2}{R}\left(T_{\text{h}}T_{\text{c}} + \frac{T_{\text{c}}^2}{2}\right) - K\Delta T \tag{3.28}$$

制冷系数为

$$\eta_{Q_{\text{cmax}}} = \frac{\alpha^2 T_{\text{c}}^2 - 2RK\Delta T}{2\alpha^2 T_{\text{h}} T_{\text{c}}} \tag{3.29}$$

工作于最大效率状态时的电流为

$$I_{\eta_{\text{cmax}}} = \frac{\alpha\Delta T}{R\left(\sqrt{1 + \frac{\alpha^2}{2RK}(T_{\text{h}} + T_{\text{c}})} - 1\right)} \tag{3.30}$$

此时消耗的电功率为

$$W_{\eta_{\text{cmax}}} = \frac{\alpha^2 \Delta T^2 \sqrt{1 + \frac{\alpha^2}{2RK}(T_{\text{h}} + T_{\text{c}})}}{R\left(\sqrt{1 + \frac{\alpha^2}{2RK}(T_{\text{h}} + T_{\text{c}})} - 1\right)^2} \tag{3.31}$$

所能产生的最大制冷系数为

$$\eta_{\text{cmax}} = \frac{\sqrt{1 + \frac{\alpha^2}{2RK}(T_{\text{h}} + T_{\text{c}})}\, T_{\text{c}} - T_{\text{h}}}{\Delta T\left(\sqrt{1 + \frac{\alpha^2}{2RK}(T_{\text{h}} + T_{\text{c}})} + 1\right)} \tag{3.32}$$

产生的制冷量为

$$Q_{\eta_{\text{cmax}}} = \frac{\alpha^2 \sqrt{1 + \frac{\alpha^2}{2RK}(T_{\text{h}} + T_{\text{c}})}\left(\sqrt{1 + \frac{\alpha^2}{2RK}(T_{\text{h}} + T_{\text{c}})}\, T_{\text{c}} - T_{\text{h}}\right)\Delta T}{R\left(\sqrt{1 + \frac{\alpha^2}{2RK}(T_{\text{h}} + T_{\text{c}})} + 1\right)\left(\sqrt{1 + \frac{\alpha^2}{2RK}(T_{\text{h}} + T_{\text{c}})} - 1\right)^2} \tag{3.33}$$

热端放出的热量为

$$Q_{\text{H}_{\eta\text{cmax}}} = \frac{\alpha^2 \sqrt{1 + \frac{\alpha^2}{2RK}(T_{\text{h}} + T_{\text{c}})}\left(\sqrt{1 + \frac{\alpha^2}{2RK}(T_{\text{h}} + T_{\text{c}})}\, T_{\text{h}} - T_{\text{c}}\right)\Delta T}{R\left(\sqrt{1 + \frac{\alpha^2}{2RK}(T_{\text{h}} + T_{\text{c}})} + 1\right)\left(\sqrt{1 + \frac{\alpha^2}{2RK}(T_{\text{h}} + T_{\text{c}})} - 1\right)^2} \tag{3.34}$$

3.2.4 电致变温器件制热特性分析

器件的制热量是电流的单调递增函数,在冷热端温差一定的情况下,电流越大,制热量越大。

根据制冷系数的定义,相应的可以定义制热系数为

$$\eta_{\mathrm{H}}=\frac{Q_{\mathrm{H}}}{W}=\frac{\alpha I T_{\mathrm{h}}+\frac{1}{2}I^2R-K\Delta T}{I^2R+\alpha I\Delta T} \tag{3.35}$$

相应的最大制热系数为

$$\eta_{\mathrm{H_{max}}}=\frac{\sqrt{1+\frac{\alpha^2}{2RK}(T_{\mathrm{h}}+T_{\mathrm{c}})}\,T_{\mathrm{h}}-T_{\mathrm{c}}}{\Delta T\left(\sqrt{1+\frac{\alpha^2}{2RK}(T_{\mathrm{h}}+T_{\mathrm{c}})}+1\right)} \tag{3.36}$$

由上述分析可见,从提高效率节省能源以及降低制冷时所产生的热量方面来讲,器件工作在最大制冷系数状态较为理想。但是实际上变温器件如按最大制冷系数状态设计,其工作电流很小,虽然效率高,但制冷量很小,必须使用较大量的元件,使其成本大大增加,价格非常昂贵。

3.3 电致变温器件设计

3.3.1 最佳工作电流范围的确定

在相同的已知条件(如负载、温差、散热条件等)下,按最大产冷量工作状态设计时,需要的制冷元件少,材料省,制造成本低,但是效率低、耗电多、使用成本高,热端放出的热量也多,对散热要求也高;按最大效率工作状态设计时,效率高、耗电少、热端放出的热量少,可降低对散热的要求,但是所需要的元件多,制造成本高。

通常情况下,如果被冷却体的热负载小,要求较大温差,散热条件良好,耗电量不是主要因素,则可按最大产冷量工作状态设计;如果被冷却体的热负载大,则应考虑效率问题,可按最大效率工作状态设计。

实际情况下,由于变温器件的工作环境将随着目标所经历环境的变化而变化,所以不同环境下其所需要的产冷量不同,工作要求也就大不相同;同时冷热端的散热能力有限,变温器件可能需要不同的状态,而不能仅仅固定于一种状态工作,其工作电流需要根据具体情况决定。由于制冷量 Q_{c} 是电流 I 的二次方函数,且抛物

线开口向下，对于相同的制冷量，通常有两个电流值与其相对应，必然存在一个最佳选择的问题。下面通过讨论确定最佳电流值选择的范围。

由以上分析可以看出，当工作电流由 $I_{\eta_{\mathrm{cmax}}}$ 减小时，制冷量和制冷系数都减小，当工作电流由 $I_{Q_{\mathrm{cmax}}}$ 增大时，制冷量和制冷系数也都减小。显然当工作电流小于 $I_{\eta_{\mathrm{cmax}}}$ 或者大于 $I_{Q_{\mathrm{cmax}}}$ 时，对器件的工作是很不利的。所以工作电流的最佳选择范围应为

$$I_{\eta_{\mathrm{cmax}}} \leqslant I \leqslant I_{Q_{\mathrm{cmax}}} \tag{3.37}$$

在此最佳工作电流范围内，随着电流的增加，制冷系数减小而制冷量增大。

3.3.2　器件的结构设计

1. 器件的构成

器件主要由元件、导流条和基板构成。由于铜的导电性好并容易机械加工，常被用作热电子堆的连接片，即导流条。它对冷热端结点的特性基本上没有影响，因为当节点所处的温度不变时，温差电路中引入第三种材料时并不改变塞贝克电动势。这同样也适用于电致变温器件电路中的引线。

2. 基板的设计

传统的基板都是用氧化铝陶瓷材料做成的，它的优势是平整度比较高，可以减小基板与负载或散热器之间的接触热阻，利于最大限度的进行热传导，增加制冷能力和散热能力；缺点是大面积陶瓷基板在制冷制热时由于热应力容易产生裂纹，因此目前的陶瓷基板电致变温器件面积都比较小。另外陶瓷基板的抗震性与耐损性也很差。

在选择基板材料时主要考虑以下几个方面的因素。

1）传热学方面

由于目标在运动过程中所处的环境是时刻变化的，其所处路面背景的温度也可能是时刻变化的，同时在一天 24h 中的不同时刻路面的温度是不同的，另外它还将受到路况、天气等各种因素的影响，因此在设计变温器件时必须首先考虑它控温能力的实时性。通过对传热学理论的分析表明，衡量非稳态导热过程的一个重要参数是热扩散率，也称导温系数，其定义式为 $a=k/(\rho c)$，它表示物体在加热或冷却过程中温度趋于均匀一致的能力。热扩散率越大，物体温度趋于一致的能力也越大。式中：k 为热导率，表示在单位温度降度下，在垂直于热流密度的单位面积上所传导的热流量，它反映了物质导热能力的大小；ρ 为密度；c 为比热容。因此，在传热学方面，需要基板材料具有较大的导热系数，较小的密度和较小的比热容，以便有利于提高温度控制的实时性。另外较小的密度也可以降低变温器件的重

量,以免对目标的机动性造成太大的影响。因此,小的密度也是材料选择的重要考虑之一。

2）热学、热力学和力学方面

在热学和热力学上,需要器件材料具有耐高低温、膨胀系数小等特点;在力学上,需要材料具有足够的硬度和力学强度。

3）实用性方面

在设计器件过程中还必须考虑与实际装备相结合,为了平时维护方便,器件的面积不能太小,同时还要考虑到经济性和可靠性,以及器件和各种探头及电路的接口,另外还要兼顾器件整体传热、温度均匀性、材料之间的兼容、结构的稳固性以及面积大小等各种因素。由于器件长期暴露在空气中工作,将面临各种恶劣天气,所以需要器件具有耐腐蚀的能力。

表 3.1 列出了几种金属与铝合金材料的热物理性质。

表 3.1　几种金属与合金材料的热物理性质

金属或合金	密度 ρ /(kg/m^3)	比热容 c /(J/(kg·K))	热导率 k /(W/(m·K))	热扩散率 a /(m^2/s)
纯铝	2702	903	237	97.1
铝合金	2770	875	177	73
纯铜	8933	385	401	117
青铜	8800	420	52	14
黄铜	8530	380	110	33.9
纯铁	7870	447	80.2	23.1
普通碳钢	7854	434	60.5	17.7
不锈钢	7900	477	14.9	3.95

综合考虑以上各种因素并比较不同的各种材料,铝合金具有较高的热导率、较低的密度和比热容、较高的硬度和力学强度、较小的热膨胀系数和较好的耐腐蚀能力等特点,是比较理想的电致变温器件基板的材料。利用铝合金材料作为基板,能够克服氧化铝陶瓷基板的局限性,能够制作面积较大的电致变温器件,同时也更有利于提高温度控制的实时性。

用铝合金做基板还必须解决其导电性的问题,因为基板必须与覆在其上的导流条绝缘。为此,可以对铝合金表面利用硫酸阳极氧化工艺进行阳极氧化,就可使其表面失去导电性。之后再在其上做成印制电路板的形式,进一步对基板进行隔离绝缘,同时覆上铜连接片作为导流条。

电致变温器件实物照片如图 3.7 所示,材料基板为铝合金。

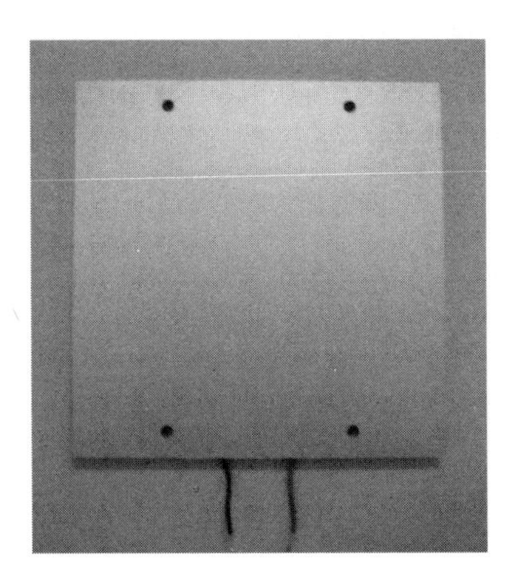

图3.7　电致变温器件

3.3.3　器件的安装

电致变温器件的安装质量对整个原理样机的性能有着十分重要的影响,安装过程中必须考虑如下因素。

(1) 在整个安装过程中,不能对半导体制冷器过分用力,否则容易造成器件的损坏。

(2) 安装前保证铝板和半导体制冷器贴合面的平坦和清洁。

(3) 铝板和半导体制冷器的贴合面要均匀涂抹上一层厚约0.03mm导热硅脂,涂完后轻轻挤压掉多余的导热硅脂,然后再用绝缘螺钉固定,绝缘螺钉的位置应与半导体制冷器成对称分布,以便在夹紧时对半导体制冷器产生均匀一致的压力,紧固时用力应均匀,切勿过量或太轻,一定要确保各工作面的接触良好,但不可拧得过紧。

(4) 若要拆卸已经安装到铝板上的半导体制冷器,由于导热硅脂具有一定的黏性,所以只能慢慢旋转器件沿着贴合面抽出来,直接用力掰开则容易造成损坏。

3.4　电致变温器件的性能分析

3.4.1　基本数值分析模型

为全面的分析其工作特性,本节将通过对其冷端和热端利用能量守恒原理建立联合热平衡方程组,通过数值方法,利用计算机编程求解,进一步掌握其特性。

变温器件两个基板与外界环境以及与内部元件之间的耦合热量交换如图 3.8 所示。由于基板很薄,且铝合金的导热性能很好,可以忽略基板沿厚度方向的温差,对每一个基板整体建立能量守恒方程。

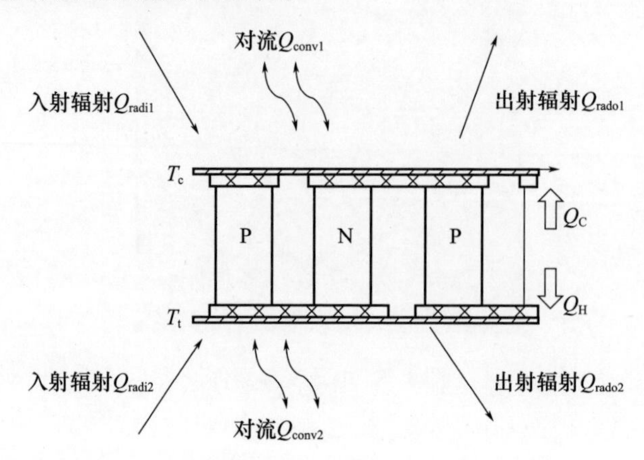

图 3.8　变温器件冷热表面耦合热量交换示意图

根据能量守恒定律,对于冷端基板,有

$$Q_{radi1} - Q_{rado1} - Q_{conv1} - Q_c = \Delta Q_1 \tag{3.38}$$

对于热端基板,有

$$Q_{radi2} - Q_{rado2} - Q_{conv2} + Q_h = \Delta Q_2 \tag{3.39}$$

式中:Q_{radi1}、Q_{radi2} 分别为冷热端基板吸收的环境辐射热量;Q_{rado1}、Q_{rado2} 分别为冷热端基板发射的辐射热量;Q_{conv1}、Q_{conv2} 分别为冷热端基板由于对流换热损失的热量;Q_c、Q_h 分别为冷热端基板得到的热电制冷量和制热量;ΔQ_1、ΔQ_2 分别为冷热端基板的内能变化量。

联立微分式(3.39)和式(3.40),利用计算机编程可得到其数值解如图 3.9 所示。同时为了验证理论计算的合理性,对电致变温器件做了与之相对应的试验测试,测试值在图 3.9 中一并标出。

3.4.2　基本结果分析

由图 3.9 可见,理论计算值和实测值的变化特点基本相同,尤其是在初始阶段,曲线基本重合,验证了理论分析计算的合理性。但是无论冷端温度还是热端温度,图 3.9 中的实测值都要略高于理论计算值,这可能主要是由以下几个因素造成的:①在焦耳热的计算中,只考虑了半导体元件的电阻值,而没有考虑铜导流片的电阻值,同时半导体元件的电阻值也可能是随着温度的升高而升高,这些都会导致

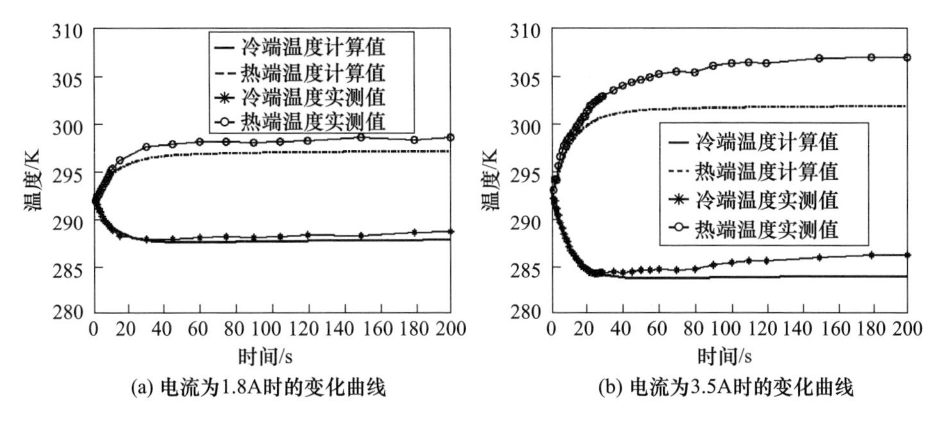

(a) 电流为1.8A时的变化曲线　(b) 电流为3.5A时的变化曲线

图 3.9　电致变温器件表面温度随时间的变化曲线

焦耳热的计算值偏低,冷热端的温度计算值也就相应的比实际值偏低;②在试验测试时,实际的环境热源高于理论值,对器件进行一定的辐射加热,导致冷热端温度的升高。

由计算和测试结果可以看出,在电致变温器件通电后的初始阶段,冷端温度迅速下降,热端温度迅速上升。在此过程中,冷热端的温度在不断地变化,当器件刚开始通电工作时,产冷量最大,随着冷端温度的降低和冷热端温差的增大,器件的产冷量在不断的减小。当到达一定时间后,冷热端温度就基本不再变化,逐渐达到热平衡状态,此时的产冷量也达到一种稳定状态。当电流为 1.8A 时,冷端温度在 20s 内由 292K 下降到 288K,温度下降了 4K;热端温度在 20s 内由 292K 上升到 296K,上升了 4K。当电流为 3.5A 时,冷端温度在 20s 内由 292K 下降到 284K,下降了 8K,热端温度在 20s 内由 292K 上升到 300K,上升了 8K。20s 之后冷热端温度都趋于稳定。

由此可见,当通以不同电流时,电致变温器件都能在 20s 之内达到最大温差,也就是说器件的响应时间在 20s 之内。同时电流不同时,电致变温器件冷热端温度变化速度也不同,进入热平衡状态后冷热端所达到的温差也不同,冷端能达到的最低温度和热端能达到的最高温度也不同。虽然器件的响应时间在 20s 左右,但是如果需要更快的降温速度,可以在初始阶段用比较大的电流,达到降温幅度要求后再改以小电流。如同样是降低 4K 的温度,通以 2A 电流需要 20s,但是通以 3.5A 电流只需要不到 10s 的时间。可见电致变温器件可以通过对电流的控制来实现对器件冷热端表面温度的控制。

3.4.3　不同条件下电致变温器件的工作性能计算

利用以上模型可以计算各种情况下电致变温器件的工作控温性能。我们设置典型季节的典型天气,在此天气情况下对电致变温器件温控性能进行计算。图3.10～图3.18所示为不同季节没有内热源时电致变温器件在一天不同时刻的温度变化曲线图。其中图3.10～图3.12所示为夏天不同时刻电致变温器件表面温度随时间的变化曲线,气温为310K。图3.13～图3.15所示为冬天不同时刻电致变温器件表面温度随时间的变化曲线,气温为273K。图3.16～图3.18所示为春、秋天不同时刻电致变温器件表面温度随时间的变化曲线,气温为293K。

由图3.10～图3.18可以看出,器件的降温性能与日照情况有很大关系。分别通以2A和4A电流的情况下,在日照较强的中午,降温分别可达2K左右和4K左右;在上下午的一般日照情况下,降温分别可达4K和7K左右,在没有日照的夜晚,降温分别可达7K和10K左右。

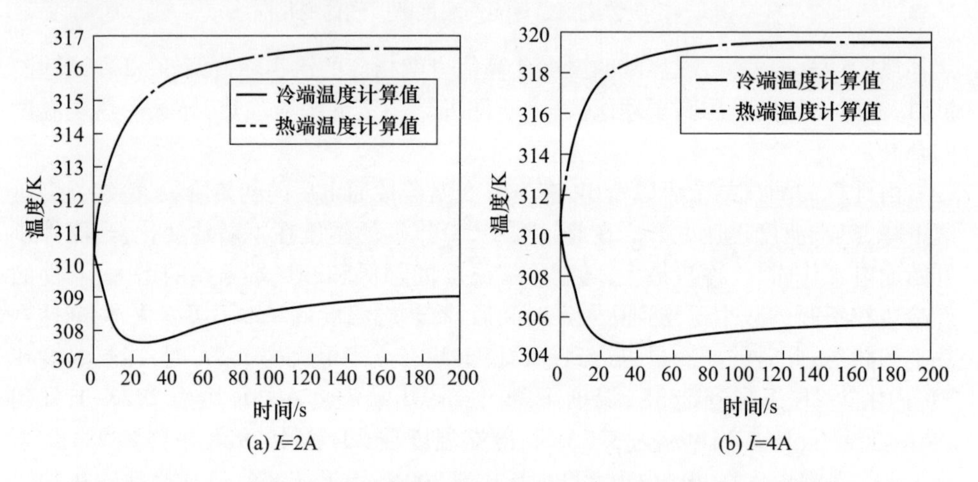

图3.10　夏天中午电致变温器件表面温度随时间的变化曲线(无内热源)

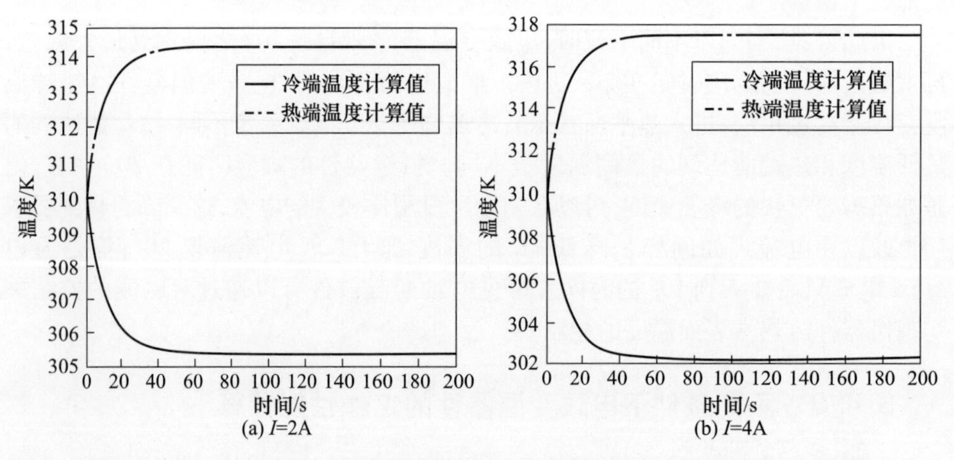

图3.11　夏天上午或下午电致变温器件表面温度随时间的变化曲线(无内热源)

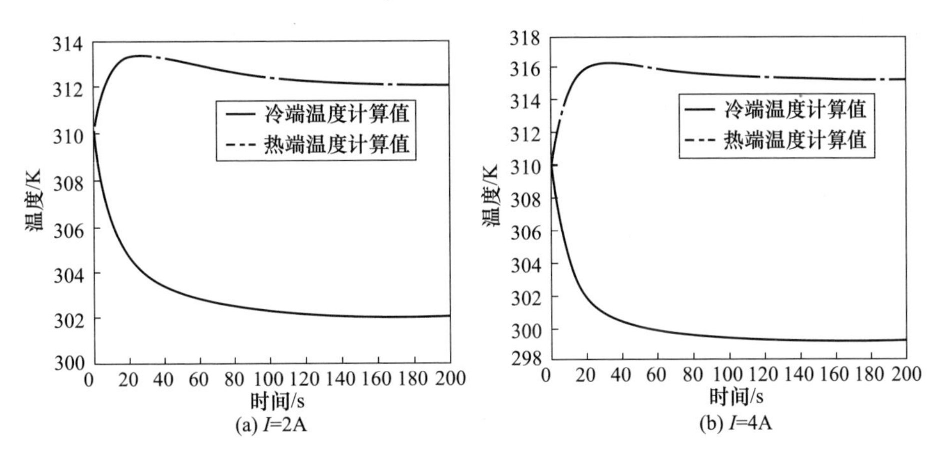

图3.12　夏天夜晚电致变温器件表面温度随时间的变化曲线(无内热源)

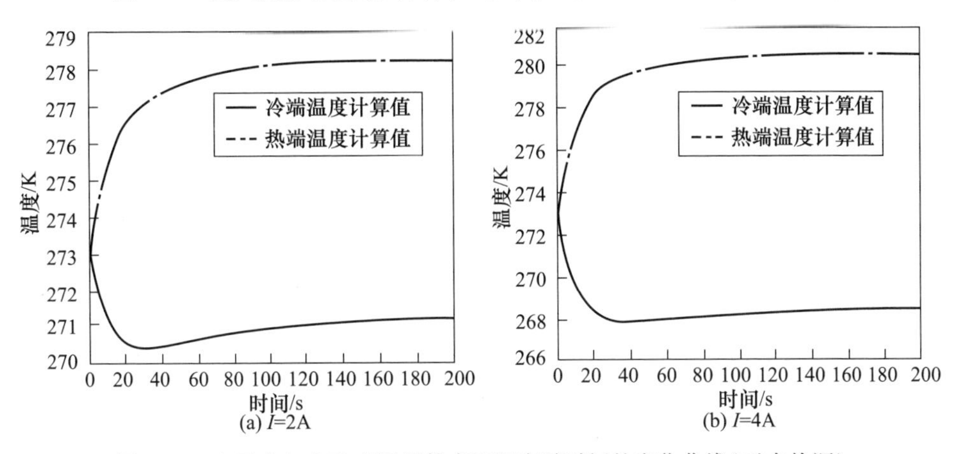

图3.13　冬天中午电致变温器件表面温度随时间的变化曲线(无内热源)

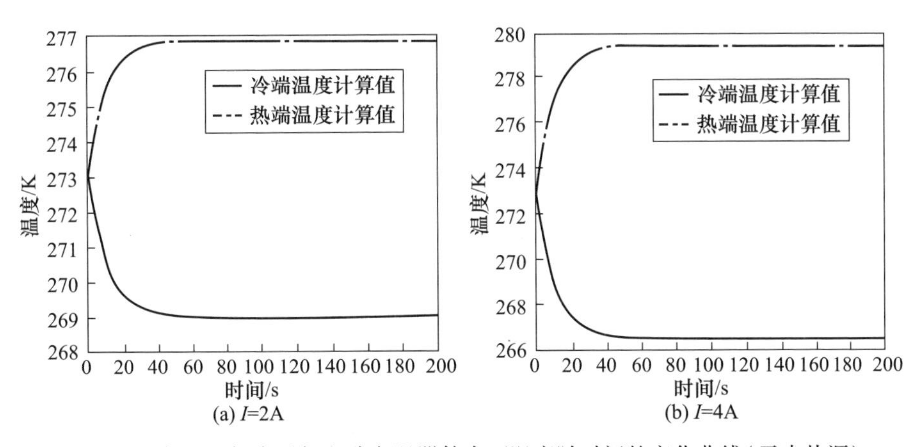

图3.14　冬天上午或下午电致变温器件表面温度随时间的变化曲线(无内热源)

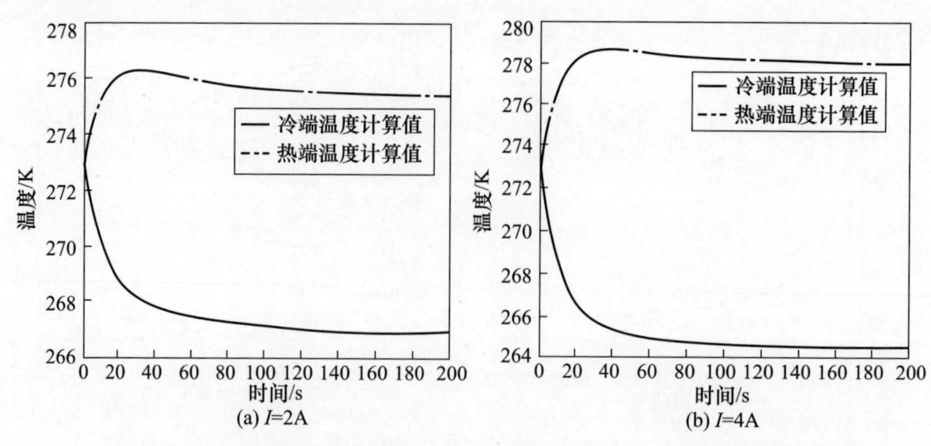

(a) I=2A (b) I=4A

图 3.15　冬天夜晚电致变温器件表面温度随时间的变化曲线(无内热源)

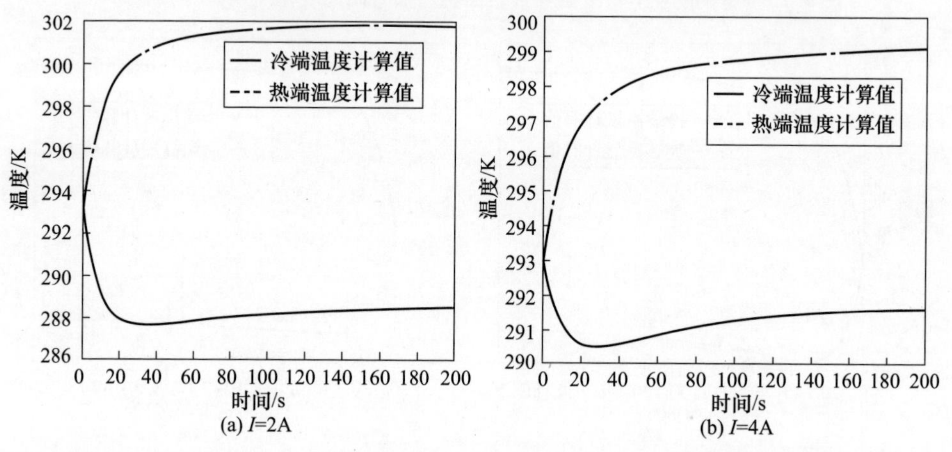

(a) I=2A (b) I=4A

图 3.16　春、秋天中午电致变温器件表面温度随时间的变化曲线(无内热源)

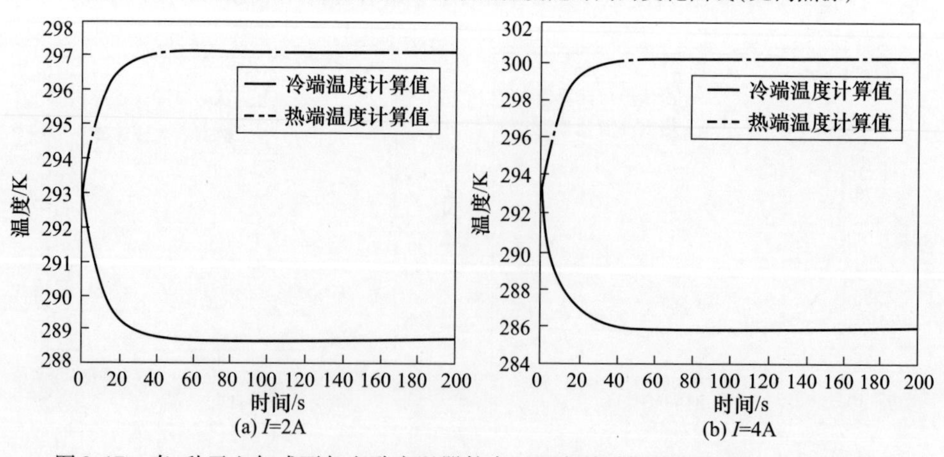

(a) I=2A (b) I=4A

图 3.17　春、秋天上午或下午电致变温器件表面温度随时间的变化曲线(无内热源)

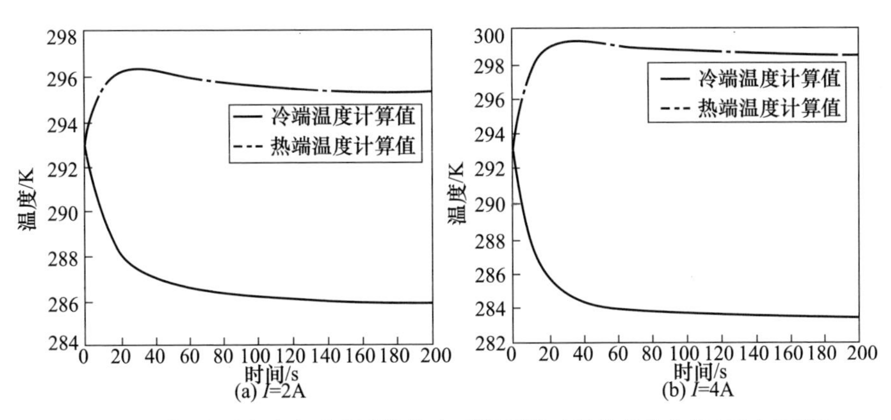

图3.18 春、秋天夜晚电致变温器件表面温度随时间的变化曲线(无内热源)

图3.19~图3.27所示为不同季节有内热源且其温度为350K,辐射散热功率为850W/m^{2}时电致变温器件在一天不同时刻的温度变化曲线图。其中图3.19~图3.21为夏天不同时刻电致变温器件表面温度随时间的变化曲线,气温为310K。图3.22~图3.24为冬天不同时刻电致变温器件表面温度随时间的变化曲线,气温为273K。图3.25~图3.27为春秋天不同时刻电致变温器件表面温度随时间的变化曲线,气温为293K。

由图3.19~图3.27可以看出,在有内热源的情况下,器件的表面温度可比原内热源温度有很大的下降,但是相比背景温度或气温下降情况,同样与日照情况有关。在日照较强的中午,电流为2A时,可达到略高于气温的温度,电流为4A时,可达低于气温2K左右的温度;在上下午的一般日照情况下,通以2A和4A电流,降温分别可达3K和6K左右,在没有日照的夜晚,通以2A和4A电流,降温分别可达6K和8K左右。

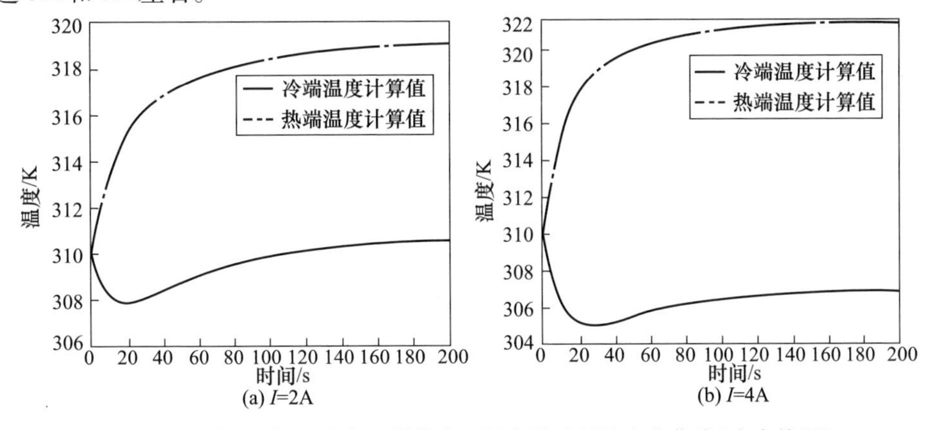

图3.19 夏天中午电致变温器件表面温度随时间的变化曲线(有内热源)

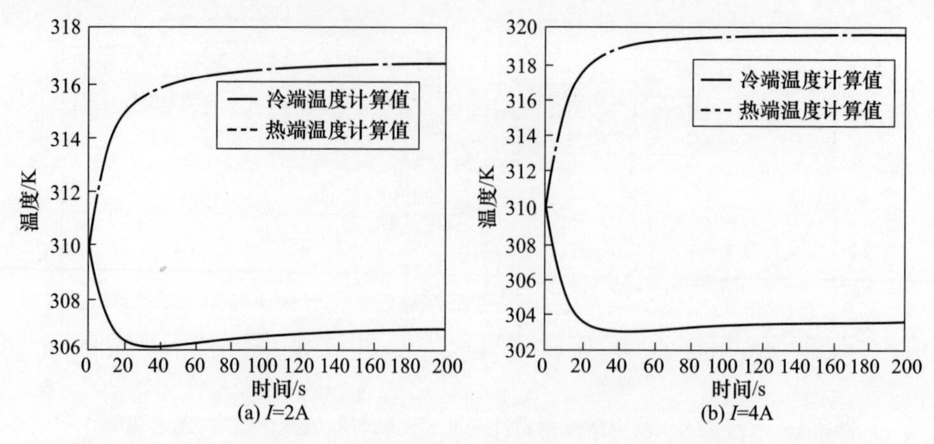

(a) I=2A (b) I=4A

图 3.20 夏天上午或下午电致变温器件表面温度随时间的变化曲线(有内热源)

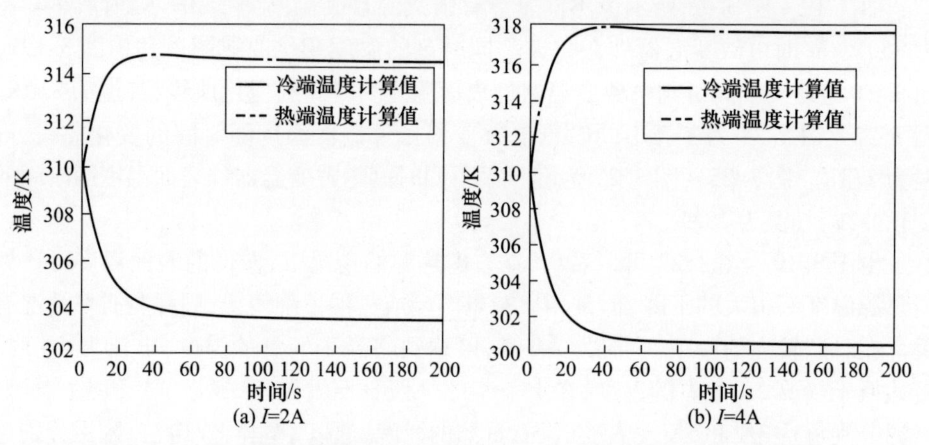

(a) I=2A (b) I=4A

图 3.21 夏天夜晚电致变温器件表面温度随时间的变化曲线(有内热源)

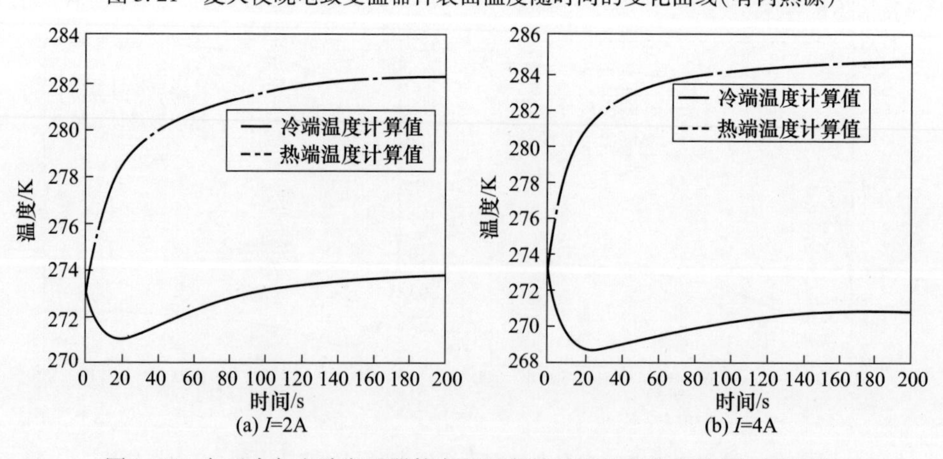

(a) I=2A (b) I=4A

图 3.22 冬天中午电致变温器件表面温度随时间的变化曲线(有内热源)

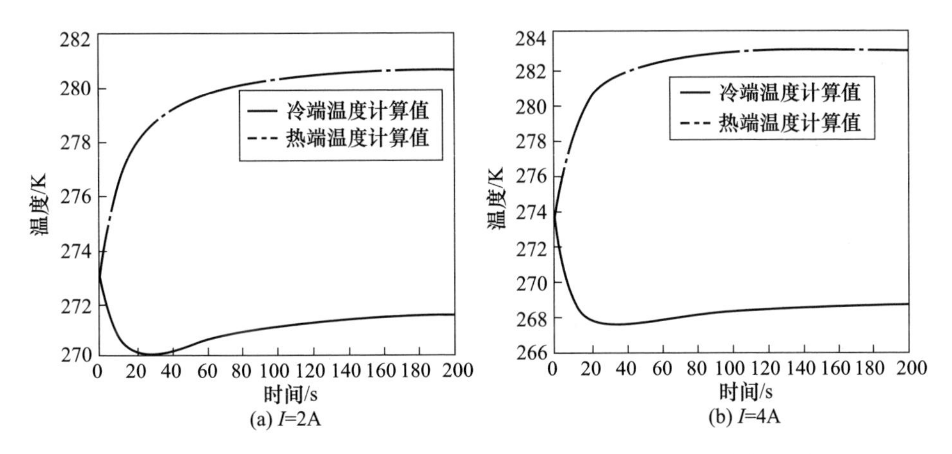

图 3.23　冬天上午或下午电致变温器件表面温度随时间的变化曲线（有内热源）

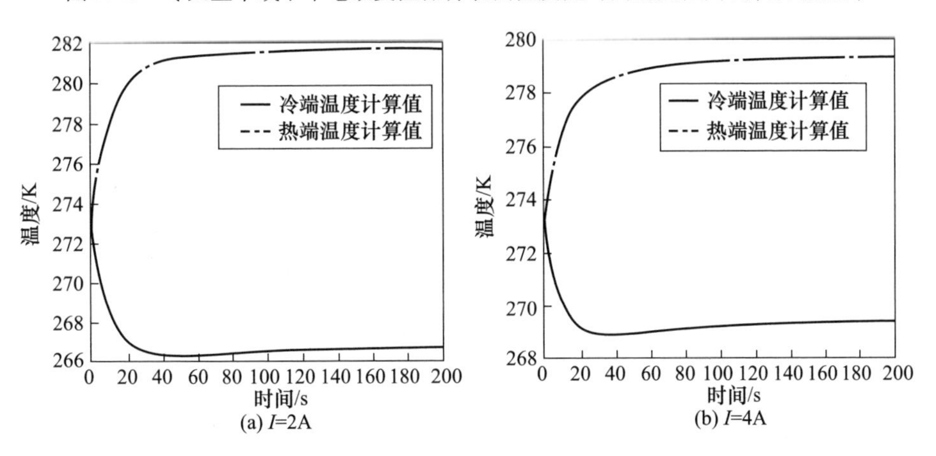

图 3.24　冬天夜晚电致变温器件表面温度随时间的变化曲线（有内热源）

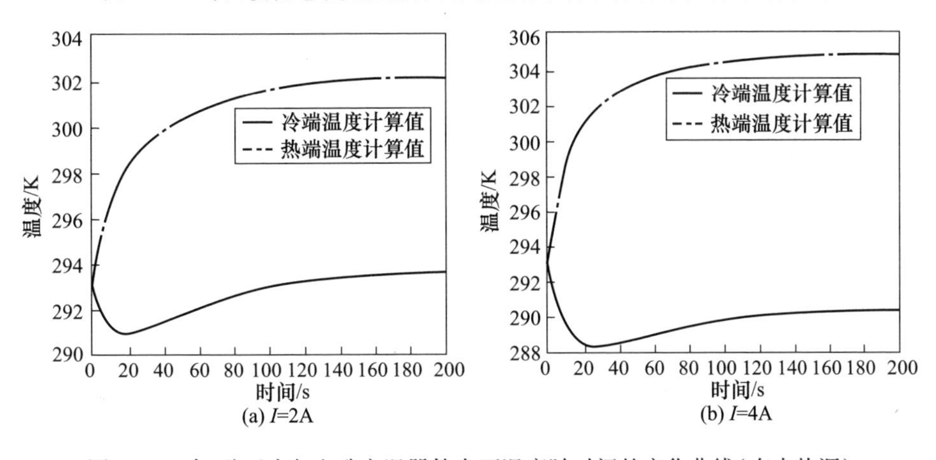

图 3.25　春、秋天中午电致变温器件表面温度随时间的变化曲线（有内热源）

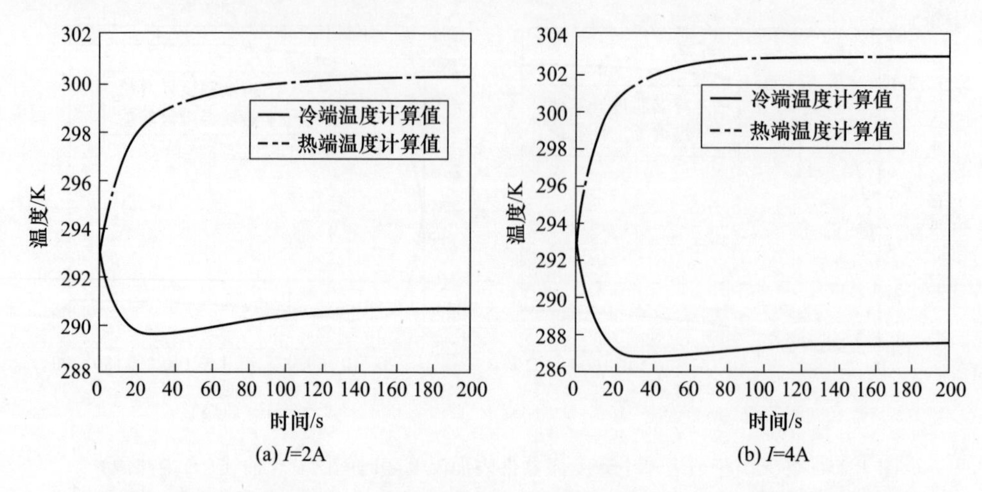

图 3.26 春、秋天上午或下午电致变温器件表面温度随时间的变化曲线(有内热源)

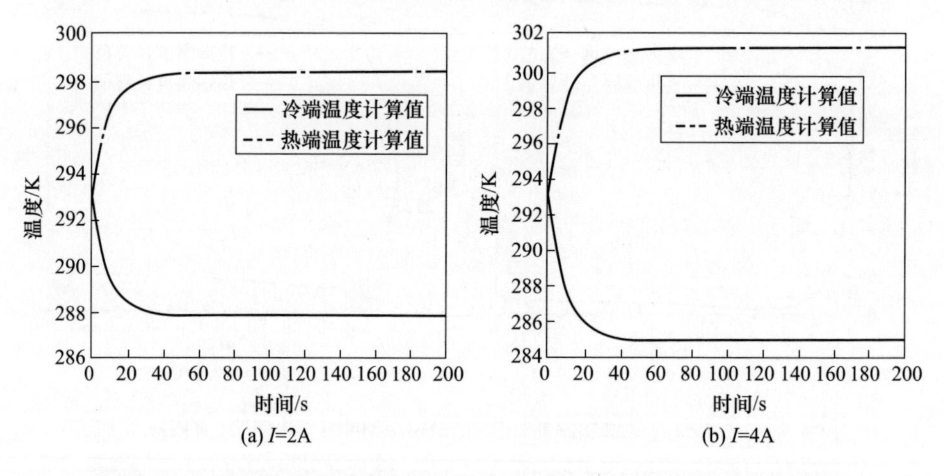

图 3.27 春、秋天夜晚电致变温器件表面温度随时间的变化曲线(有内热源)

参考文献

[1] 陶文铨. 数值传热学[M]. 西安:西安交通大学出版社,2001.

[2] 徐德胜. 半导体制冷与应用技术[M]. 上海:上海交通大学出版社,1999.

[3] 吕相银,杨莉,凌永顺. 半导体制冷表面温度的动态特性[J]. 低温工程,2006,(6):45-47.

[4] 高远,蒋玉丝. 单级半导体制冷器设计中常用公式的推导[J]. 广东有色金属学报,2003,13(2):130-135.

[5] 宣向春,王维扬. 锥状电臂半导体制冷器工作参数的理论分析[J]. 制冷学报,1999,(2):

38－41.

[6] 陈林根,孙丰瑞,陈文振. 热电制冷和泵热循环的有限时间热力学分析[J]. 工程热物理学报,1994,15(1):13－16.

[7] 陈荣波. 半导体制冷器综合最佳工作状态分析[J]. 哈尔滨建筑工程学院学报,1995,28(1):84－89.

[8] 迟泽涛,戚丽萍,贾立业,等. 半导体制冷器工作电流和应用参数的特性分析[J]. 黑龙江大学自然科学学报,1996,13(2):88－91.

[9] 王宏杰,杜家练,陈金灿. 半导体制冷系统性能特性优化[J]. 制冷,1999,18(4):54－58.

[10] 陈荣波,姜洪涛. 半导体制冷(热)微型空调风扇工作状态参数的计算机仿真[J]. 哈尔滨建筑工程学院学报,1994,27(1):62－68.

[11] 裴勇,钱兴华,蒋文涛. 半导体制冷优化设计方法的理论分析[J]. 制冷与空调,2005,5(6):36－38.

[12] 宣向春,王维扬. 半导体制冷器工作参数的理论分析[J]. 低温工程,1998,(1):26－29.

[13] CHEN J,ANDRESEN B. The maximum coefficient of performance of thermoelectric heat pumps [J]. International Journal of Ambient Energy,1996,17:22－28.

[14] CHEN J. The influence of Thomson effect on the maximum power output and maximum efficiency of a thermoelectric generator[J]. Application Physics,1996,79:8823－8828.

[15] GOKTUN S. Optimal performance of a thermoelectric refrigerator[J]. Energy Sources,1996,18:531－536.

[16] 张示林,任颂赞. 简明铝合金手册[M]. 上海:上海科学技术文献出版社,2001.

第 4 章

温度采集及控制模块

温度采集及控制模块、电致变温器件模块等共同作用,确保了目标热特征控制技术的有效实施,电致变温器件在前面章节已详细叙述,其他模块均为辅助这两个模块工作,非本书重点。因此,本章详细介绍温度采集及控制模块。

4.1 温度采集及控制模块的构成

温度采集及控制模块的基本架构如图 4.1 所示。其中背景辐射测量模块用于实时测量目标所处背景的红外辐射特征,以此特征作为对目标辐射特征控制的标准;目标辐射测量模块用于实时测量目标防护系统表面的红外辐射,此红外辐射通过辐射比较模块与背景的红外辐射相比较,控制指令输出模块以比较的结果作为依据,来输出指令实时控制目标防护系统表面的红外辐射特征,使其与背景红外辐射特征相一致。

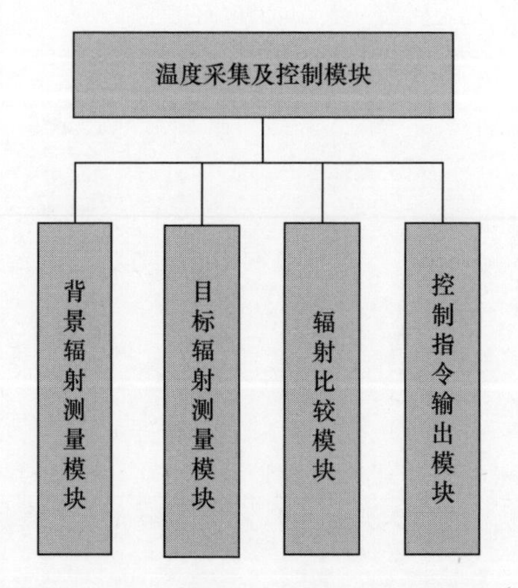

图 4.1　温度采集及温度控制模块基本架构

4.2 温度数据信号的检测

4.2.1 传感器的选择

温度数据实时采集的关键是温度的实时测量。温度的测量主要有接触式测温和非接触式测温两种。

接触式测温的温度传感器主要有热膨胀式温度传感器、热电偶、热电阻、热敏电阻和温敏晶体管等。这类传感器的优点是结构简单、工作可靠、测量精度高、稳定性好、价格低；缺点是有较大的滞后现象（测温时由于要进行充分的热交换），不方便对运动物体进行温度测量，被测对象的温度场受传感器的影响，测温范围受到元件材料性质的限制等。

非接触式测温的温度传感器主要有光电高温传感器、红外辐射温度传感器等。这类传感器的优点是不存在测量滞后和温度范围的限制，可测高温、腐蚀、有毒、运动物体及固体、液体表面的温度，不影响被测温度，缺点是受被测温度对象辐射率的影响，测量精度低，使用中测量距离和中间介质对测量结果有影响。

目前，接触式温度传感器中使用最广泛的是热电偶传感器和热电阻传感器。热电偶传感器是利用热电效应制成的温度传感器，它的测温范围宽，响应速度较快，在300～1600℃的测量范围内使用极为广泛。对于接近室温的温度范围，热电偶温度计虽然也可以使用，但其电势值相对较小，冷端补偿引起的误差相对较大，故对200℃以下的温度，较少使用热电偶测量。

热电阻传感器是利用其电阻随温度变化而变化的原理测量温度，在常温和较低温区范围内有比热电偶更高的精度和稳定性，因此常用于－200～650℃范围内的温度测量。热电阻按其制作材料来分，主要有铂电阻、铜电阻等。铂在氧化性介质和高温环境中有较好的物理和化学性质的稳定性，因此铂电阻具有较高的精度，是目前制造热电阻的最好材料。铂电阻还常被用来作为－100～630℃范围内的国际标准电阻温度计，广泛应用于温度的基准、标准的传递。它的长时间温度的复现性可达8^{-4}K，是目前复现性最好的一种温度计。系统的温度控制范围为常温区，要求温度传感器测量精度较高，性能稳定，一致性好，故在本设计中接触式测温传感器采用铂电阻。

常用的铂电阻在0℃时的阻值有$R_0=10\Omega$和$R_0=100\Omega$两种，它们的分度号分别标为Pt10和Pt100，其中Pt100应用最为广泛。通常用电阻比$W_{100}=R_{100}/R_0$来衡量铂电阻的纯度，W_{100}值越高，纯度就越高，则测温精度也就越高。铂电阻按

允许偏差(相对于分度表)可分为 A 和 B 两个等级,允许偏差分别为 ±(0.15 + 0.002|t|)℃和 ±(0.30 + 0.005|t|)℃。系统选用 A 级 Pt100,无铠装结构,这样铂电阻尺寸较小,符合系统设计要求,并且响应快。

对于非接触式测温,本设计主要采用红外辐射温度传感器。它相比其他非接触式测温传感器,在常温范围的测温灵敏度和准确度很高,反应速度较快,一般为毫秒级至微秒级。系统采用美国 EXERGEN 公司生产的 IR3600 红外测温探头,主要技术规格如下:测温范围为 -40 ~ 1100℃;分辨率为 0.1℃;光谱范围为 8 ~ 14μm;响应时间为 0.05s。

4.2.2 温度数据信号的检测

每一种传感器都有它的优点和不足,在根据具体应用情况充分利用传感器优势的同时,克服其中的不足对精确测量具有重要意义。在系统所用的传感器中,对接触式测温传感器铂电阻而言,主要应解决其非线性和自热效应问题;对非接触式红外测温传感器来讲,进行温度检测时将受到被测目标周围环境辐射的影响。下面针对这两个问题分别进行讨论。

4.2.2.1 铂电阻检测特性与采集电路设计

铂电阻的阻值 R_T 与温度 T 的关系式为

$$R_T=\begin{cases}R_0[1+AT+BT^2+C(T-100)T^3] & -200^\circ\mathrm{C}\leqslant T\leqslant 0^\circ\mathrm{C}\\ R_0(1+AT+BT^2) & 0^\circ\mathrm{C}\leqslant T\leqslant 650^\circ\mathrm{C}\end{cases} \tag{4.1}$$

式中:R_T 为温度为 T℃时铂电阻的阻值;R_0 为温度为 0℃时铂电阻的阻值;A、B、C 为常数,且 $A=3.90802\times10^{-3}$,$B=-5.80195\times10^{-7}$,$C=-4.27350\times10^{-12}$。据此可以画出 Pt100 的工作特性曲线如图 4.2 所示。

由图 4.2(a)可以看出,铂电阻阻值与温度近似呈线性关系,温度每变化 1℃,铂电阻的阻值平均变化 0.3659Ω,但其阻值与温度之间不是单纯的线性关系。

通常情况下,系统工作的温度不会超过 -20℃ ~70℃的范围,图 4.2(b)示出了在此温度范围内铂电阻标准阻值偏离线性化的程度,其中温度每变化 1℃,铂电阻的阻值平均变化 0.3879Ω,而且其非线性偏离线性的误差非常小,不超过 2.6% 。但为了提高测量精度,消除其非线性误差是必要的。具体方法有两种:一是制成非线性表;二是用软件处理,即根据式(4.1)在软件中进行计算修正。

铂电阻的采样与放大电路如图 4.3 所示。流经铂电阻 Pt100 的电流为

$$I=\frac{V_{\mathrm{cc}}}{R_1+R_T} \tag{4.2}$$

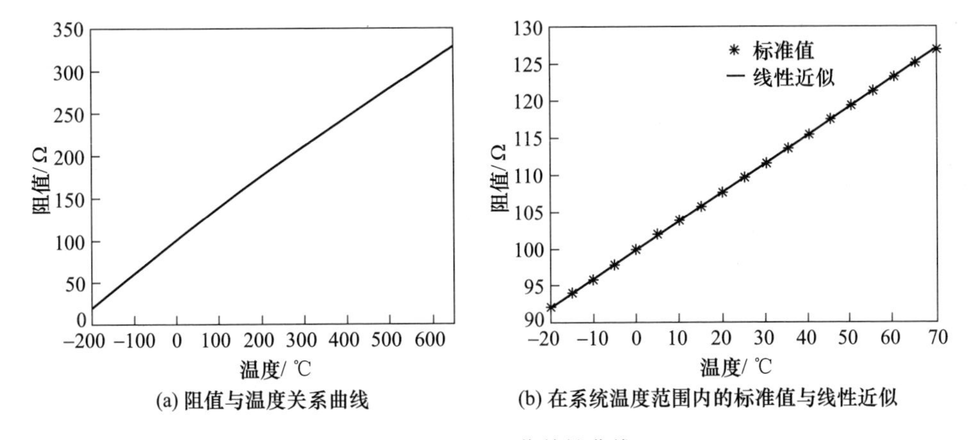

(a) 阻值与温度关系曲线　(b) 在系统温度范围内的标准值与线性近似

图4.2　Pt100工作特性曲线

其相应的电压为

$$U = R_T I = R_T \frac{V_{cc}}{R_1 + R_T} \tag{4.3}$$

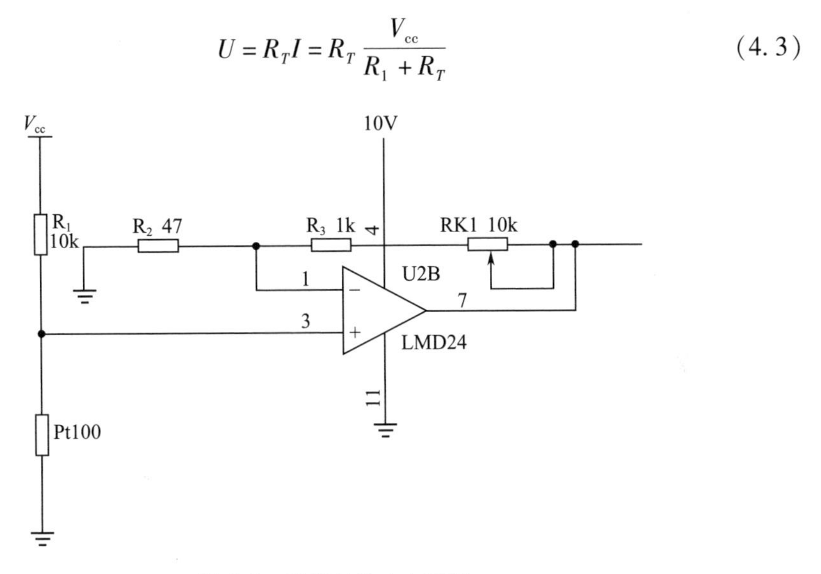

图4.3　采样与放大电路图

当温度变化时，引起阻值 R_T 的变化，进而引起电压值 U 的变化，通过检测电压值 U 的，即可得到电阻值 R_T，进而根据式(4.1)得到被测温度值。

当电流流经铂电阻时，由于焦耳热效应，会造成铂电阻自身的温度升高，进而影响其测量精度，故在电路中流过铂电阻的电流不宜过高，同时如果电流太小，又会造成电压信号微弱，在放大过程中容易增大误差。由此对电流 I 的控制成为关键，即要合理选取串联电阻 R_1 的阻值。

铂电阻的工作电压 V_{cc} 通常为5V，经过综合衡量，分压电阻 R_1 选用10kΩ，这样流过铂电阻的电流 I 略小于0.5mA。设电流流经铂电阻时单位时间产生的热量(I^2R_T)造成铂电阻的温升为 ΔT,不考虑与外界的热交换,则根据能量守恒原理,有

$$I^2R_T = Mc\Delta T \tag{4.4}$$

式中:M 为铂电阻Pt100的质量;c 为比热容。

通过计算可以得到自热效应造成的每秒温度增加量 ΔT 为 2×10^{-3}℃。显然一定时间内焦耳效应产生的热量对铂电阻的影响可以忽略不计。实际上即使是要求铂电阻工作很长时间,由于铂电阻与被测物体的密切接触和良好的传热设计,这个热量会迅速地传递到被测物体,进一步降低自热效应的影响,由此可见铂电阻的自热效应可以忽略。同时,由于被测物体相对来讲比较大,接收到此热量后对其温度场的影响也可以忽略不计。

4.2.2.2 红外测温及其影响因素分析

红外测温是靠红外传感器接收被测物体表面发射的辐射来确定其温度的。实际测量时,红外传感器接收到的有效辐射包括目标自身辐射和环境反射辐射两部分。

被测表面的辐射亮度为

$$L_\lambda = \varepsilon_\lambda L_{b\lambda}(T_o) + \rho_\lambda L_{b\lambda}(T_u) = \varepsilon_\lambda L_{b\lambda}(T_o) + (1-\varepsilon_\lambda)L_{b\lambda}(T_u) \tag{4.5}$$

式中:第一项为表面自身的光谱辐射亮度;第二项为反射环境的光谱辐射亮度;T_o 为被测表面温度;T_u 为等效环境辐射温度;ε_λ 为表面发射率;ρ_λ 为表面反射率。

等效环境辐射温度 T_u 由下式定义

$$\sigma T_u^4 = \sum_i \int_\lambda E_i(\lambda)\,d\lambda \tag{4.6}$$

式中:$E(\lambda)$ 为光谱辐射照度,由此右边一项表示目标接收的外界光谱辐射照度的总和在全波段的积分。

根据立体角投影定律,作用于红外传感器的辐射照度为

$$E_\lambda = A_o d^{-2}\tau_{a\lambda}L_\lambda = A_o d^{-2}\tau_{a\lambda}[\varepsilon_\lambda L_{b\lambda}(T_o) + (1-\varepsilon_\lambda)L_{b\lambda}(T_u)] \tag{4.7}$$

式中:A_o 为传感器最小空间张角所对应的目标的可视面积;d 为该目标到测量仪器之间的距离;通常在一定条件下,对某台确定的传感器,$A_o d^{-2}$ 为一个常值;$\tau_{a\lambda}$ 为处于目标和探测器之间的大气光谱透射率。

红外传感器通常工作在3~5μm或8~13μm两个波段,探测器在工作波段上积分入射的辐射能,并把它转化为一个与能量成正比的电信号。入射在探测器上的某波长的辐射功率为

$$P_\lambda = E_\lambda A_r \tag{4.8}$$

式中：A_r 为传感器透镜的面积。

与辐射功率相应的信号电压为

$$V_s = A_r \int_{\Delta\lambda} E_\lambda R_\lambda \mathrm{d}\lambda \tag{4.9}$$

式中：R_λ 为探测器的光谱响应度，它表示了红外探测器把红外辐射能转变为电信号的能力，对某台确定的传感器通常为常值。

由于传感器的工作波段都较窄，可以认为在 3 ~ 5μm 或 8 ~ 13μm 这两个波段内目标的发射率和吸收率都与波长 λ 无关，则热像仪的响应电压为

$$V_s = A_r A_o d^{-2} \tau_a \left\{ \varepsilon \int_{\Delta\lambda} R_\lambda L_{b\lambda}(T_o) \mathrm{d}\lambda + (1 - \varepsilon) \int_{\Delta\lambda} R_\lambda L_{b\lambda}(T_u) \mathrm{d}\lambda \right\} \tag{4.10}$$

令

$$k = A_r A_o d^{-2} \tag{4.11}$$

$$f(T) = \int_{\Delta\lambda} R_\lambda L_{b\lambda}(T) \mathrm{d}\lambda \tag{4.12}$$

则

$$V_s = k\tau_a \{ \varepsilon f(T_o) + (1 - \varepsilon) f(T_u) \} \tag{4.13}$$

令

$$f(T_s) = \frac{V_s}{k} = \tau_a \{ \varepsilon f(T_o) + (1 - \varepsilon) f(T_u) \} \tag{4.14}$$

则 T_s 即为传感器所指示的温度，称为视在温度或表观温度。

由普朗克定律，可得

$$f(T) = \int_{\Delta\lambda} R_\lambda L_{b\lambda}(T) \mathrm{d}\lambda = \int_{\Delta\lambda} R_\lambda \frac{c_1}{\pi\lambda^5} \frac{1}{\mathrm{e}^{\frac{c_2}{\lambda T}} - 1} \mathrm{d}\lambda \tag{4.15}$$

式中：c_1、c_2 分别为第一、第二辐射常数。

不同的红外探测器的光谱响应度随波长的变化而不同。其中三种典型探测器的光谱响应随波长的变化如图 4.4 所示。

根据 R_λ 随 λ 的变化关系，对 $f(T)$ 积分，可得 $f(T)$ 随温度的变化关系为

$$f(T) = cT^n \tag{4.16}$$

式中：对工作在 8 ~ 13μm 波段的 HgCe 探测器，n 值为 4.09，c 值为 7.7116×10^{-9}；对工作在 6 ~ 9μm 波段的 HgCe 探测器，n 值为 5.33，c 值为 2.9259×10^{-12}；对工作在 3 ~ 5μm 波段的 InSb 探测器，n 值为 8.68，c 值为 6.3508×10^{-21}。

将式(4.16)代入式(4.14)，可得

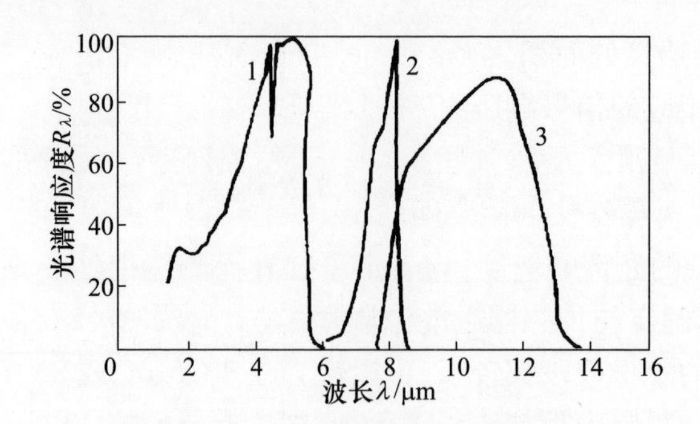

图 4.4　红外探测器的光谱响应

1—Insb(3 ~ 5μm);2—HgCdTe(6 ~ 9μm);3—HgCdTe(8 ~ 13μm)。

$$T_s^n = \tau_a \{ \varepsilon T_o^n + (1-\varepsilon) T_u^n \} \tag{4.17}$$

由式(4.17)可见,目标在传感器上的视在温度,不但与目标本身温度和大气透过率有关,还与目标发射率和等效环境辐射温度有关。图 4.5 示出了不考虑大气衰减时温度为 300K 的目标被 8 ~ 13μm 波段的 HgCe 探测器测温所得视在温度与目标发射率及等效环境辐射温度的关系。

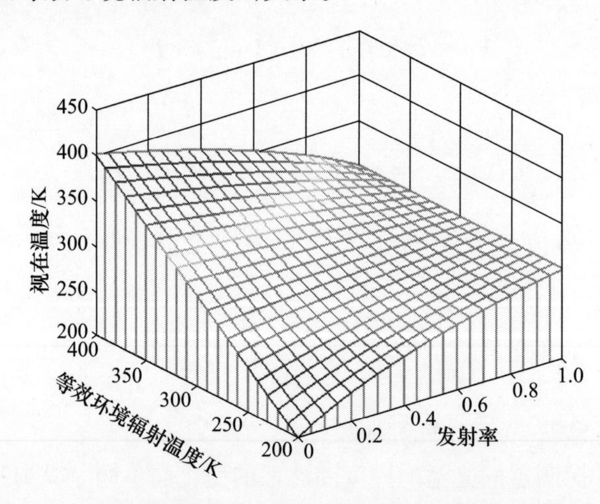

图 4.5　视在温度与目标发射率及等效环境辐射温度的关系

由图 4.5 可以看出,目标的发射率越小,当目标发射率为 1 时,视在温度始终为 300K,即其不受等效环境辐射温度的影响;当目标发射率为 0 时,视在温度等于等效环境辐射温度,即其完全由环境决定。由此可见,在不同的发射率下,视在温度受等效环境辐射温度的影响是不一样的,总的特点是目标发射率越小,受等效环境辐射温度的影响越大,进而由等效环境辐射温度的定义式(4.6)可知,太阳辐射、地面辐射和大气辐射等都会通过发射率(反射率)影响视在温度。由于防护模块和路面背景的发射率不同,而且路面机动目标所经历路面背景在时刻变化,故这些环境辐射不但对机动目标和路面背景的影响不同,而且对不同发射率的路面背景影响也不同。由于路面发射率无法实时测量,如何通过数据处理消除这些复杂因素的影响是一个需要解决的重要问题。

4.3 温度数据信号的处理

由非接触式红外测温传感器测量得到的温度数据,通常都是通过一定的处理后转换为热力学温度显示的,在转换过程中不可避免地会由于环境辐射的影响而出现误差。而且由于发射率不同,即使目标和背景的热力学温度相同,其红外辐射仍会不同。尤其是对于机动目标,其背景的发射率往往由于所经历路面状况的不同而有很大的差异,而发射率的实时测量目前尚有一定难度。同时,由接触式测温传感器铂电阻测量得到的是热力学温度,即使防护模块的发射率能够经过测量作为已知量,只要发射率不为1(意味着反射率不为0),其红外特征就会由于反射红外辐射而受周围环境因素的影响。如何消除复杂环境辐射的影响是数据处理的重要任务。

对于红外测温传感器探测的路面实时温度只能反映局部区域的特征,同时路面温度可能存在一定的起伏,因此为了克服单次测量误差和降低噪声的影响,背景数据需要进行一定的空时处理,即要进行数字滤波。

4.3.1 复杂环境辐射影响的处理

目标的红外辐射包括它发射的红外辐射和反射的环境辐射(主要为太阳直接辐射、太阳间接辐射、地面背景辐射和大气辐射)。控制防护模块的红外辐射就要从这两方面着手。显然防护模块发射的红外辐射是影响其红外特征的关键因素,为此可以通过控制其表面温度来控制其发射的红外辐射。但是,在控制其整体红外辐射时,如何处理防护模块对环境辐射的反射也是影响红外特征控制精度的一个重要方面,下面重点讨论这一问题。

根据式(4.5),对于目标和背景,分别为

$$L_o = \varepsilon_o L(T_o) + \rho_o L(T_u) = \varepsilon_o L(T_o) + (1-\varepsilon_o) L(T_u) \tag{4.18}$$

$$L_b = \varepsilon_b L(T_b) + \rho_b L(T_u) = \varepsilon_b L(T_b) + (1-\varepsilon_b) L(T_u) \tag{4.19}$$

若要控制目标的温度使之与背景红外辐射特征完全相同,即意味着使得 $L_o = L_b$。为此首先需要根据式(4.19),测定背景的温度 T_b 和发射率 ε_b 以及辐射亮度 L_b,由此求出等效环境辐射温度 T_u 的影响,进而测定目标表面的发射率,再通过

式(4.18)即可求得控制所需要达到的温度 T_o。

一般情况下,由接触式测温传感器铂电阻测量得到的是热力学温度,由非接触式红外测温传感器测量得到的温度数据,通常都是通过一定的处理以后转换为热力学温度显示的。由式(4.17)可以看出,在转换过程中会受到目标的表面发射率和环境辐射的误差影响。尤其是对地面上处于机动状态的目标,其路面背景通常是不断变化的,如既可能是混凝土路面,也可能是沥青路面,甚至有可能是沙石路面等。不同材料的路面,其发射率是不同的。即使对于同一种路面,在不同的表面状况和气候条件下,其发射率也是不同的,例如,干燥的路面和潮湿的路面其发射率就不一样。机动目标在行进过程中要实时的探测路面的发射率,在目前的技术条件下是比较困难的。另外由于机动目标所经历的背景复杂多变,要实时确定背景辐射的影响,也是比较困难的。由此按上述一般思路,分别确定目标和背景的表面发射率和温度,使其红外辐射特征相同,是难以实现的。为此需要另觅途径。

由红外成像探测原理可知,红外热成像系统是根据目标表面红外辐射能量的大小、分布及与背景的反差,来发现和识别目标的,而红外辐射能量主要表现为其视在温度。由式(4.17)可见,目标在热像仪上的视在温度,不但与目标本身温度和大气透过率有关,还与目标发射率和等效环境辐射温度有关。

设目标和背景的温度分别为 T_{ot} 和 T_{ob},根据式(4.17),有

$$T_{Sot}^n = \tau_a \{ \varepsilon_t T_{ot}^n + (1 - \varepsilon_t) T_u^n \} \tag{4.20}$$

$$T_{Sob}^n = \tau_a \{ \varepsilon_b T_{ob}^n + (1 - \varepsilon_b) T_u^n \} \tag{4.21}$$

由红外测温可以显示路面背景的视在温度,但是其热力学温度和发射率却是未知的。由铂电阻测温可以显示防护模块的热力学温度,另外防护模块表面发射率也可以认为是已知的,如果防护模块的表面发射率接近于1,即近似于黑体,则可以由式(4.20)计算得到其视在温度,但是通常情况下,其发射率不可能为1,此时根据式(4.20)可以看出,由于未知环境等效辐射温度的影响,并不能据此得到防护模块的视在温度。

要得到防护模块的视在温度,需要先得到等效环境辐射温度。由图4.5和式(4.6)可以看出,等效环境辐射温度是太阳直射辐射、太阳散射辐射、地面辐射、大气辐射等各种复杂因素综合作用的结果,而且这些因素尤其是太阳直接辐射又和角度密切相关,因此要直接根据其定义得到等效环境辐射温度是十分困难的。为此可以引入设置一个参考样板:首先测定其表面发射率 ε,再用铂电阻测得其热力学温度 T_o;然后用红外传感器测得其视在温度 T_s,根据式(4.17),有

$$T_u^n = \frac{\dfrac{T_s^n}{\tau_a} - \varepsilon T_o^n}{1 - \varepsilon} \tag{4.22}$$

当距离很近时，大气的衰减可忽略，即可以认为大气透过率 $\tau_a = 1$。由此把式(4.22)代入式(4.20)，即可得到防护模块的视在温度为

$$T_{Sot}^{n} = \varepsilon_t T_{ot}^{n} + (1 - \varepsilon_t) T_u^{n} \tag{4.23}$$

在实际控制中，只要控制防护模块表面和路面背景的视在温度一致即可，由此解决了一些不确定因素的影响，并消除了由传感器本身以及环境因素造成的误差，大大提高了测量和控制的精度。

4.3.2 数字滤波

测量中总会存在着或大或小的误差，以误差的性质进行分类，有系统误差、随机误差和粗大误差三种。

系统误差是指在偏离测量规定条件或由于测量方法不正确所引起的有确定规律的误差。系统误差包括已定系统误差和未定系统误差。已定系统误差是指符号和绝对值已经确定的系统误差；未定系统误差是指符号或绝对值未经确定的系统误差。系统误差中的已定系统误差可以通过一定的方法寻找出来，未定系统误差具有随机的性质。

随机误差是指在实际测量条件下，多次测量同一量值时，误差的绝对值和符号以不可预定方式变化着的误差。随机误差可以用统计理论方法来解决。

粗大误差是指在测量结果中有明显错误的误差，即超出规定条件下预期的误差。引起粗大误差的原因有错误读取示值、计量器具使用不正确以及外界的脉冲式干扰等。粗大误差可由一定的判据判断并予以消除。

除了上述误差的影响，对于红外测温传感器探测的路面实时温度只能反映局部区域的特征，同时路面温度可能存在一定的起伏，测量是一个连续的过程，单个数据并不能反映真实的路面温度状况。为了充分利用测量结果，并克服单次测量误差和降低噪声干扰的影响，背景数据需要进行一定的空时处理，主要可通过数字滤波，用软件方法抑制干扰和误差。

数字滤波主要有限幅滤波、中值滤波和算术平均滤波三种。

限幅滤波是指相邻的两次测量差值过大，剔除后一次采样值，其计算公式为

$$\Delta y_n = |y_n - y_{n-1}| \begin{cases} \leqslant a & y_n = y_n \\ > a & y_n = y_{n-1} \end{cases} \tag{4.24}$$

限幅滤波主要用来消除粗大误差和脉冲干扰的影响，a 值的选择根据实际情况确定。

中值滤波是指 N(通常为奇数)次采样值按大小排队取中间值，它可以用于对

单一目标点的静态多次测量处理,但是不适合于对不同目标点的连续测量处理。

算术平均滤波是指对于 N 次等精度数据采集,存在着系统误差和因干扰引起的粗大误差,使采集的数据偏离真实值。此时,可以采用算术平均值的方法,求出平均值作为测量结果示值,即

$$\bar{X} = \frac{1}{N}\sum_{i=1}^{N} X_i \tag{4.25}$$

式中:X_i 为第 i 次的测量值。

对于本系统,综合运用限幅滤波和算术平均滤波的方式,首先采用限幅滤波消除粗大误差,再将剔除了粗大误差的测量数据的平均值作为测量结果示值。这样既剔除了粗大误差,又可以消除一定的系统误差。在综合考虑适当的 N 值后,可以在满足测量精度要求的前提下,拥有足够的测量速度。该数字滤波方法的表达式为

$$\bar{X} = \frac{1}{N-n}\sum_{i=1}^{N-n} X_i \tag{4.26}$$

式中:n 为粗大误差数。

4.4 控制系统的设计

控制系统就是要首先完成对数据信号的分析,并通过比较和反馈,输出控制信号,控制变温器件的电流使其达到所需要的温度。

由于防护模块的面积很大,而且由第 3 章的分析可知,防护模块不同的部位与外界交换热量的情况不同,其所需要的制冷功率也就必然会存在差异,故需要采取分布式控制方案。

对于机动目标而言;一方面它所经历的环境复杂多变;另一方面半导体制冷器件的工作特性也较复杂,两种复杂因素使得控制算法实现非常困难,传统的温度控制方法如比例、积分、微分(PID)控制方法等都无法应用,为此本节采用了开关控制,开关控制有简单的优点,它的控制精度可以根据变温器件的特性在软件中设置。

4.4.1 分布式控制设计

由前面的讨论可知,由于角系数的不同,环境辐射(如太阳辐射、地面辐射和大气辐射等)对防护模块不同方位的影响也是不一样的,具体表现为在防护模块的不同方位,其等效环境辐射温度也不同。为此需要采用分布式控制方案。对于

防护模块处于同一方位的表面各个部分,所受到的环境辐射影响可以认为是一样的,也就是说可以认为其等效环境辐射温度相同。为了尽量减小方位的多样性,可把防护模块设计成立方体方舱的形式。首先把防护模块分为五个大的控制模块,如图 4.6 所示。每个控制模块都需要有一个相应的参考样本装置,以消除本模块的环境辐射影响。另一方面,内部热源如发动机和轮胎等对防护模块各个部位的影响不同,为此对每一个控制模块,仍然需要划分为若干小控制单元。

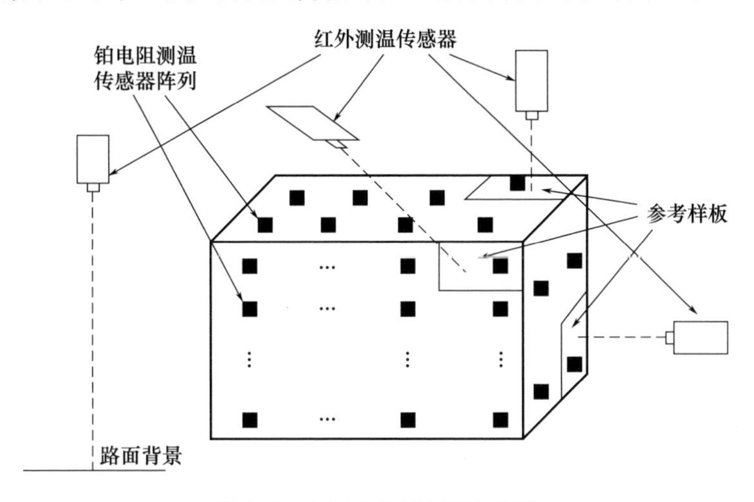

图 4.6　分布式控制方案示意图

对于控制的每一个单元,如果器件之间全部采用串连方式,则将降低控制单元的可靠性;如果全部采用并联方式,虽然可以提高控制单元的可靠性,但是将导致供电的电流过大。为此对每一个控制单元采取了串并联结合的方式,每个控制单元都采用参数性能一致的半导体制冷器件,对其中的一个变温器件进行温度采样,控制系统依据此采样,对此控制单元实施相应的控制。

此分布式控制方案不但能根据具体情况对防护模块的各个部位实施相应的不同控制,不仅提高了系统控制的灵活性,而且提高了整个系统的可靠性。

4.4.2　开关控制设计与分析

根据第 3 章所述半导体制冷材料的冷热端基板温度模型,当通工作电流时,有

$$\begin{cases}\varepsilon\sigma T_g^4-\varepsilon\sigma T_1^4-H_1(T_1-T_a)-n\left[\alpha IT_1-\dfrac{1}{2}I^2R-K(T_2-T_1)\right]=\rho cV\dfrac{\mathrm{d}T_1}{\mathrm{d}\tau}\\ \varepsilon\sigma T_g^4-\varepsilon\sigma T_2^4-H_2(T_2-T_a)+n\left[\alpha IT_1+\dfrac{1}{2}I^2R-K(T_2-T_1)\right]=\rho cV\dfrac{\mathrm{d}T_2}{\mathrm{d}\tau}\end{cases}\tag{4.27}$$

当条件处于不变状态并使温度达到平衡时，式(4.27)等号右边内能变化一项为零，则

$$\begin{cases} \varepsilon\sigma T_{\mathrm{g}}^4 - \varepsilon\sigma T_1^4 - H_1(T_1 - T_{\mathrm{a}}) - n\left[\alpha I T_1 - \dfrac{1}{2}I^2 R - K(T_2 - T_1)\right] = 0 \\ \varepsilon\sigma T_{\mathrm{g}}^4 - \varepsilon\sigma T_2^4 - H_2(T_2 - T_{\mathrm{a}}) + n\left[\alpha I T_1 + \dfrac{1}{2}I^2 R - K(T_2 - T_1)\right] = 0 \end{cases} \tag{4.28}$$

由式(4.28)可以看出所需电流与环境辐射能量，冷热端温度，气温、速度(对流系数与速度有关)等参数有关，但电流又与冷热端温度相互影响，故需迭代求解。

由上讨论可知，精确控制需要以下参数支持：环境辐射能量、冷热端温度、气温和速度，以上参数都需相应设备实时测量。同时电流与冷热端温度的相互作用又需要电流由冷热端温度不断地反馈调节。

上述控制方案虽然较理想，但是实现起来非常困难，而且当热端散热不好，造成热端温度不能控制时，反馈有可能失去作用甚至造成恶性调节即正反馈的可能，为此可采用开关控制。

实际采用的是开关控制方法。首先设置一个固定量值 ΔT，然后比较目标和背景的温差值，若绝对值小于 ΔT，则认为防护模块处于防护状态，系统不需要通电工作；若绝对值大于 ΔT，则首先要判断 ΔT 的正负号，以此决定控制电流的方向。若 ΔT 大于零，说明目标辐射温度高于背景辐射温度，需要对目标表面降温，反之则需要升温。

固定量值 ΔT 由目标融于背景实现防护所需要的温差决定。对于红外防护，通常可以以要求的目标和背景温差(小于 4K)为标准，实际系统量值的确定要考虑各种误差因素的影响。

在开关控制时，由于半导体制冷器件热惯性小，所以实时性很高，但是试验中也带来了温度控制容易过冲的问题。不过当工作电流通过继电器切断以后，根据前述温度模型，变温器件冷热端的能量守恒方程组变为

$$\begin{cases} \varepsilon\sigma T_{\mathrm{g}}^4 - \varepsilon\sigma T_1^4 - H_1(T_1 - T_{\mathrm{a}}) + nK(T_2 - T_1) = \rho c V \dfrac{\mathrm{d}T_1}{\mathrm{d}\tau} \\ \varepsilon\sigma T_{\mathrm{g}}^4 - \varepsilon\sigma T_2^4 - H_2(T_2 - T_{\mathrm{a}}) - nK(T_2 - T_1) = \rho c V \dfrac{\mathrm{d}T_2}{\mathrm{d}\tau} \end{cases} \tag{4.29}$$

根据式(4.27)和式(4.29)可以得到在继电器接通工作电流和切断工作电流情况下变温器件的温度变化规律，如图 4.7 所示。

由图4.7可以看出，起始器件处于热平衡状态，冷热端都为292K，当接通工作电流后，冷端温度迅速下降，热端温度迅速上升。在第20s以后基本达到热平衡状态，冷热端温度变化不再明显。在第60s(此时冷端温度理论计算值约为288K，热端温度理论计算值约为297K)切断工作电流，则由图4.7可以看出，冷端温度迅速上升，热端温度迅速下降，最终趋于相同。图4.7中的试验测试结果验证了理论分析的正确性。

由此可知，如果温度控制出现过冲，则继电器切断电流后，由于两端的温差作用，另一端热量的“中和”作用就会很快抵消掉控制过冲的不良结果。

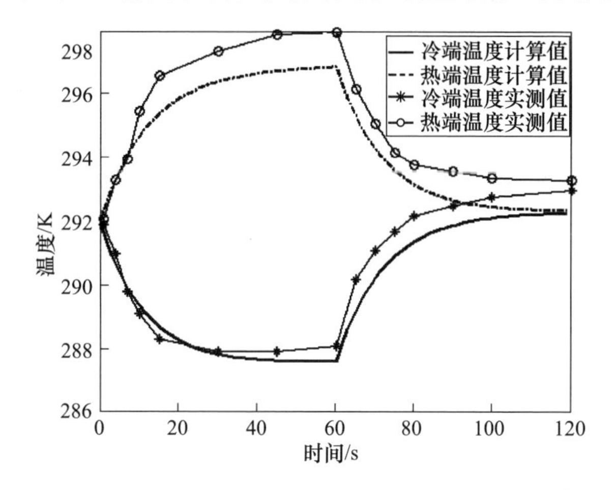

图4.7　变温器件在接通和切断工作电流的温度变化曲线

4.4.3　控制软件设计流程

图4.8所示为自动红外防护工作模式下软件设计的控制流程图。首先由铂电阻和红外传感器测得参考样板热力学温度和视在温度，并结合其发射率，求出等效环境辐射温度；接着由铂电阻测得的防护模块每一控制单元的热力学温度和根据样板求出的等效辐射温度并结合防护模块的发射率，得到防护模块每一控制单元的视在温度；然后把此视在温度和直接由红外传感器测得的路面背景视在温度进行比较。

在视在温度比较部分，首先得到防护模块控制单元和背景的视在温差值。若绝对值大于ΔT，则首先要判断ΔT的正负号，以此决定控制电流的方向。若ΔT大于零，说明此防护模块控制单元视在温度高于背景视在温度，需要产生制冷的控制信号来控制电流的方向，以对此防护模块单元表面降温；反之则需要产生制热的控制信号来控制电流的方向对此防护模块单元表面升温。若绝对值小于ΔT，说明此防护模块单元和路面背景的视在温差在红外防护要求的范围之内,此时不需要任何制冷或制热。ΔT 由防护模块融于背景实现防护所需要的温差决定。

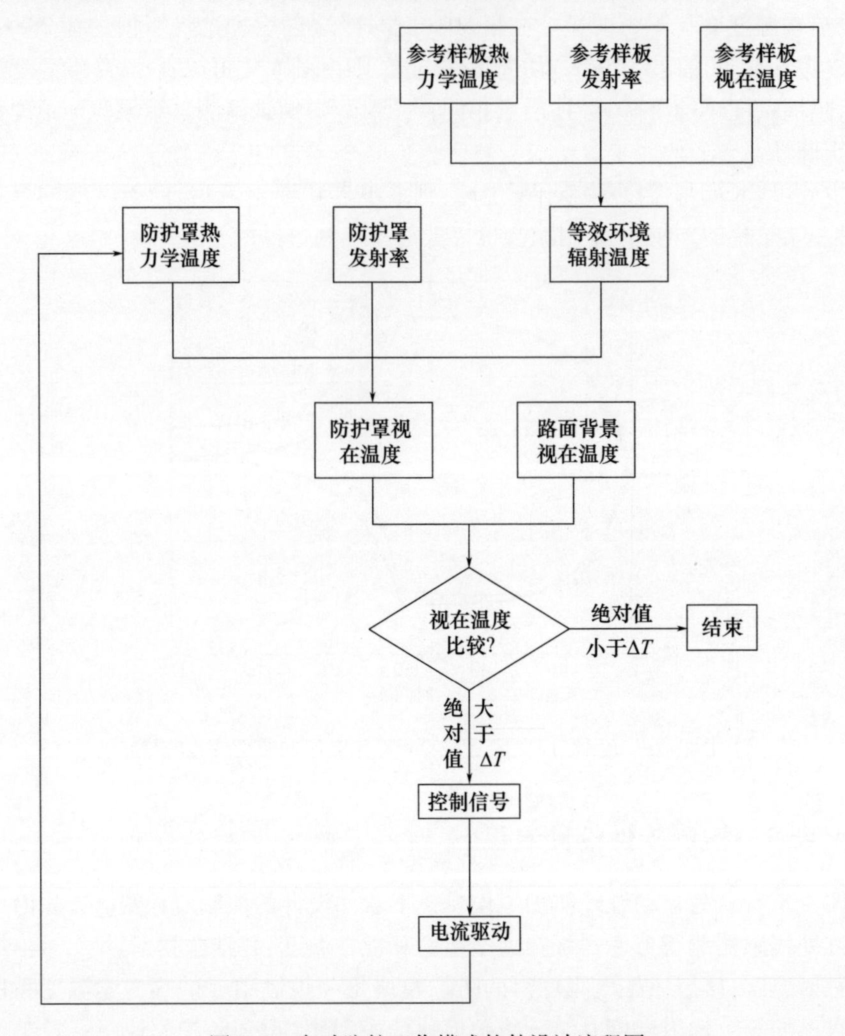

图 4.8　自动防护工作模式软件设计流程图

图 4.9 所示为红外变形工作模式下软件设计的控制流程图。对于防护模块和路面背景的视在温度比较,工作原理和自动红外防护工作模式软件流程是一样的,但是对视在温度比较结果的后续处理不一样。

如果某一防护模块单元和背景的视在温差绝对值小于 ΔT,则由随机信号驱动控制电流,使得其表面温度处于不断的随机变化中,整个防护模块表面温度分布也就时刻不停的随机变化,这样必然造成整个防护模块红外图像处于不断的随机变化状态，从而实现红外变形的效果，达到降低不同时刻目标红外图像相关度的目的。如果某一防护模块单元和背景的视在温差绝对值大于 ΔT，则结束制冷或制热，以防某些控制单元的温度过于偏离背景温度而使得目标暴露得更明显，当其视在温度和路面背景的视在温度差值处于 ΔT 之内时，则由随机信号驱动工作电流使其重新处于随机变化中。其中 ΔT 值的设定既不能太小又不能太大。ΔT 值太小会使得红外变形的效果不明显，ΔT 值太大又会使得目标容易暴露得更明显。其具体值的设定还与目标所处背景有关。对于普通的柏油或水泥混凝土路面，可设定为4K。

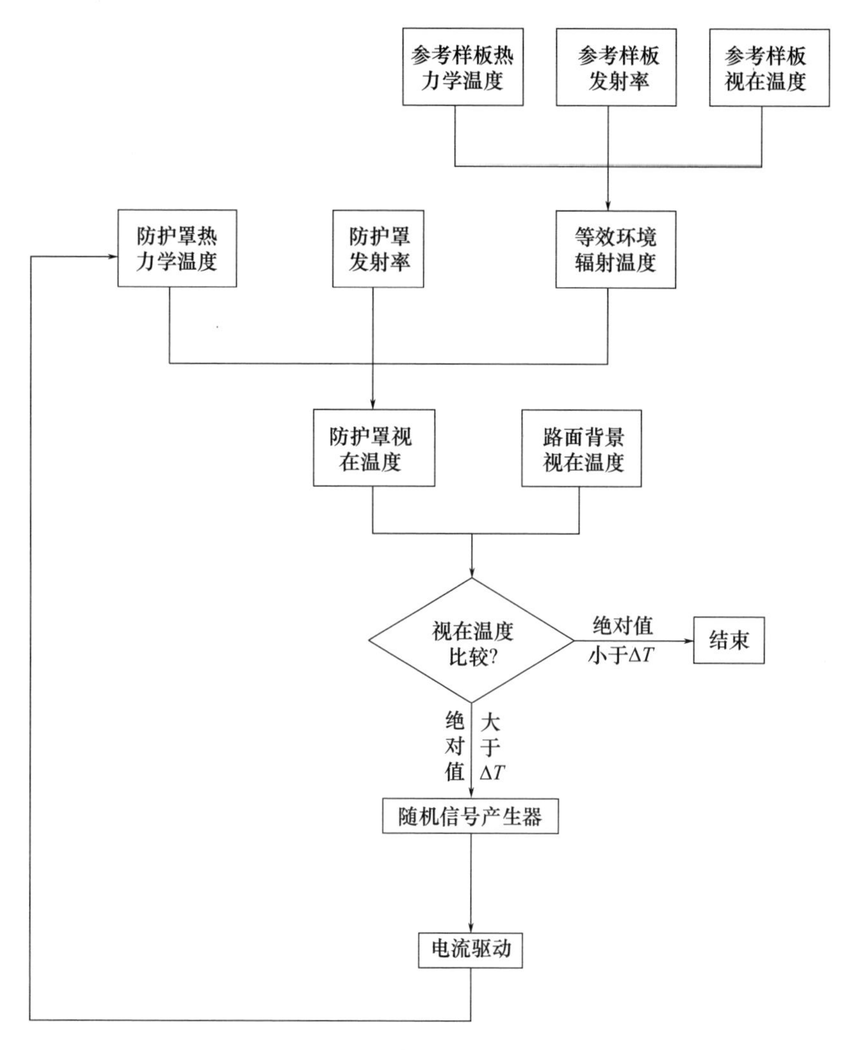

图4.9　变形工作模式软件设计流程图

4.5 基于红外测温传感器的控制

在条件允许的情况下,若能用红外测温仪代替铂电阻传感器,则控制实施起来会更简便一些。

4.5.1 目标背景辐射测量

本系统环境辐射温度的测量以及目标辐射温度的监视,采用德国 Optris 公司的 CS 红外测温仪。该设备是基于物体表面红外辐射能量的大小来计算温度的。

4.5.1.1 红外测温仪技术参数

CS 红外测温仪的技术参数包括以下部分。

1. 基本性能

环境温度:-20~80℃;

存储温度:-40~85℃;

相对湿度:10%~95%。

2. 电气参数

输出信号:0~5V 或者 0~10V(可编程设定)模拟信号;

连续数字输出、单向输出或者双向输出;

输出阻抗:最小 10kΩ 负载阻抗;

供电电压:5~30V(DC)。

3. 测量参数

温度范围:-40~1030℃(可编程设置量程);

光谱范围:8~14μm;

光学分辨率:15:1;

系统精度:±1.5℃或者±1.5%读数(取大);

重复性:±0.75℃或者±0.75%读数(取大);

温度系数:±0.05K/K 或者±0.05%/K 读数(取大);

温度分辨率:0.1K;

响应时间:25ms。

4.5.1.2 红外测温仪光路图

图 4.10 和图 4.11 给出的是 CS 红外测温仪的光路图。光路图表明测量点的直径依赖于被测目标和测量头之间的距离,测量点大小对应 90% 的辐射能量。距

离是从探头前部边缘开始算起的。被测物体大小和红外测温仪的光学分辨率决定测温头和被测物体之间的最大距离。为了避免测量误差、被测物体应完全充满测温光学视场。因此测量直径在任何时候至少和被测物体一样大或者小于被测物体。

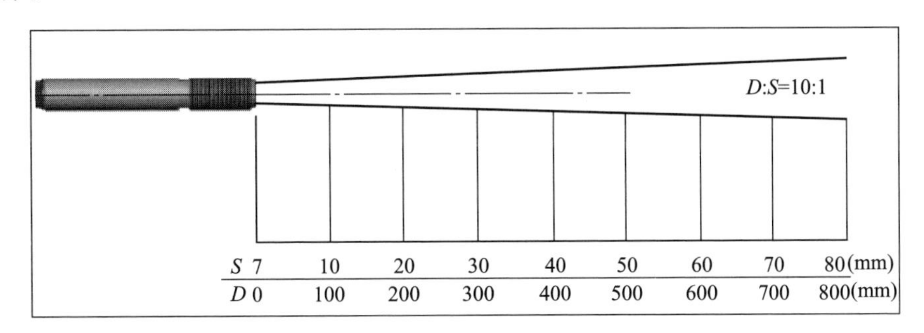

图 4.10　测温仪的光路图

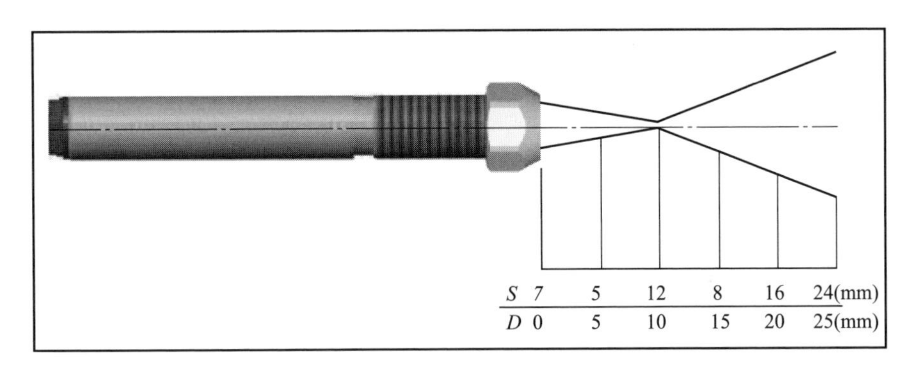

图 4.11　测温仪加装近焦距镜头的光路图

4.5.1.3　红外测温仪的通信方式与连接方法

CS 红外测温仪提供双向通信（发送和接收）和单向通信（输出 - 传感器只发送数据）两种数字通信方式。

CS 红外测温仪可以通过 USB 转换接口连接到计算机、也可以直接连接到计算机的 RS - 232 接口。连接电路分别如图 4.12 所示。

4.5.1.4　辐射测量模块构成

考虑到系统的可拓展性，本系统采用 RS - 485 传输标准进行测温信号的传输，可以多个测温探头共用一个 RS - 485 输入接口，减少板卡上输入输出接口的数量；同时考虑到测温信号远距离或者无线传输的需要，本系统将测温仪输出的 0 ~ 5V 模拟信号数字化。因此辐射测量模块的构成如图 4.13 所示。

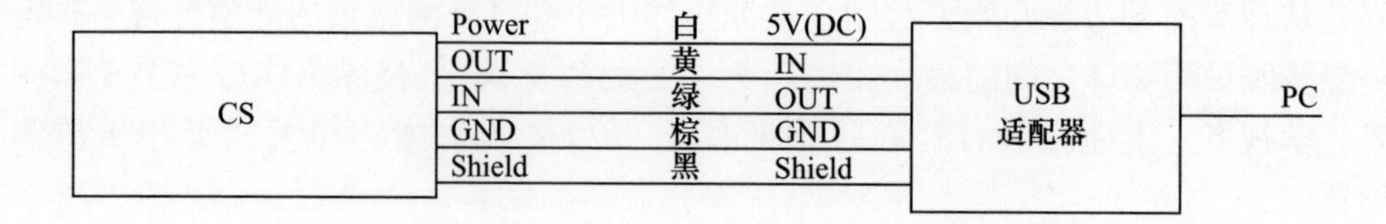

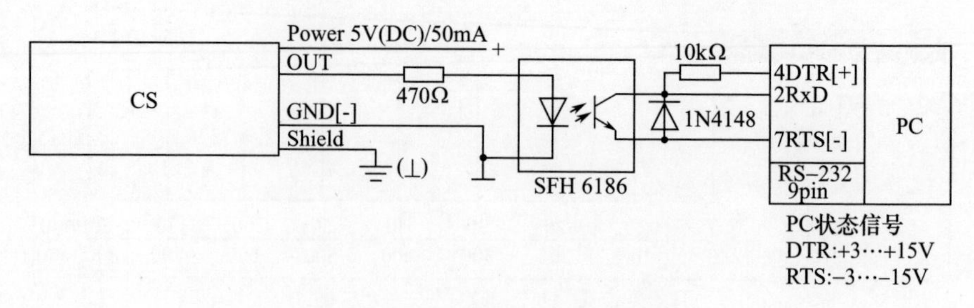

图 4. 12　红外测温仪的连接电路

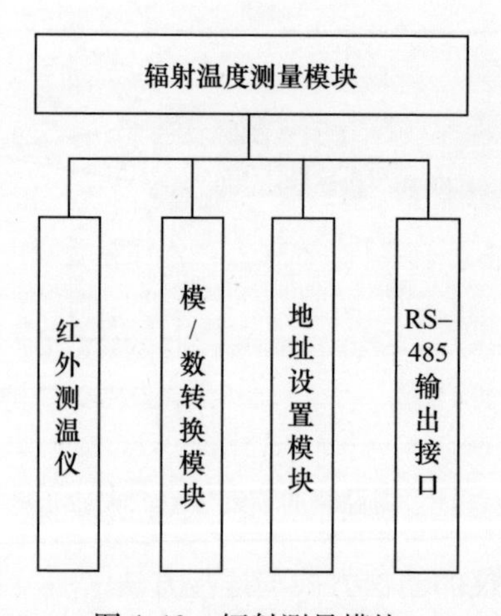

图 4. 13　辐射测量模块

4. 5. 2　控制电路设计

1. 变压整流模块

半导体热电制冷堆对直流电源的基本要求:①供电电源纹波系数小于 5%;②供电电压不高于 40V,电流不高于 20A;③在通/断瞬间电源回路中反向电动势很大,因此必须能够释放反向电能。

图 4. 14 所示为供电电源的设计原理图。采用桥式整流和复杂滤波电路。变压器采用 220V 输入,多档输出,额定电流为 25A。为保证工作可靠,采用额定参数

为1000V30A的整流全桥。整流后的输出电压为

$$U_L = \frac{2\sqrt{2}}{\pi} U_0 = 0.9 U_0 \tag{4.30}$$

式中：U_L 为整流后输出电压；U_0 为整流前输入电压，即变压器输出电压。

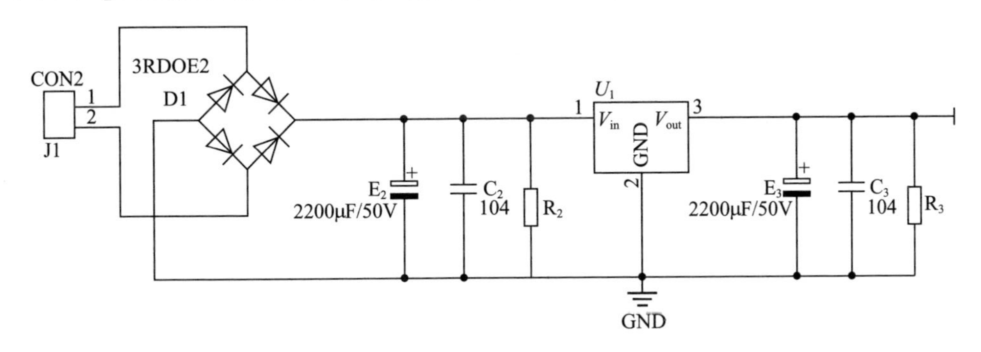

图4.14　整流模块电路

吸波电阻 R_2、R_3 是一个关键器件，其阻值要根据J1的输入电压值来确定，一般要求千欧以上；吸波电容 E_2、E_3 的电容值越大越好，耐压值至少要全桥的输出电压值，最好为全桥输出电压值的2倍。

2. 跟踪控制电路

跟踪控制电路如图4.15所示，其工作原理为：计算机输出的加热控制指令输送到运放1的正输入端，输出的制冷控制指令输送到运放2的正输入端，只要目标表面的温度与环境的温度差值存在，两个运放有且仅有一个工作，但两个插座将均有信号输出，只是不同的运放工作时，插座的不同插针上有消耗输出。控制运放的工作电压，使运放的输出达到后续需要的值。插座J10输出的信号控制电压大小的改变，插座J12输出的信号控制电压极性的改变。

3. 随机控制电路

随机控制电路如图4.16所示，其工作原理为：计算机输出的加热控制指令输送到运放1的正输入端，输出的制冷控制指令输送到运放2的正输入端，只要目标表面的温度与环境的温度差值存在，两个运放有且仅有一个工作，每一个运放工作有输出信号时，将使一对继电器工作；另一个运放工作时，剩余的一对继电器工作，达到改变直流电压极性的目的。即只要一组电压，就能使半导体的单面升温或者降温。

4. 电流变向电路

传统的电磁继电器通过触点系统的机械运动来通断主控回路。触点因为电、机械和化学的原因易于磨损，而且在遇到冲击和振动时容易发生错误动作。若主

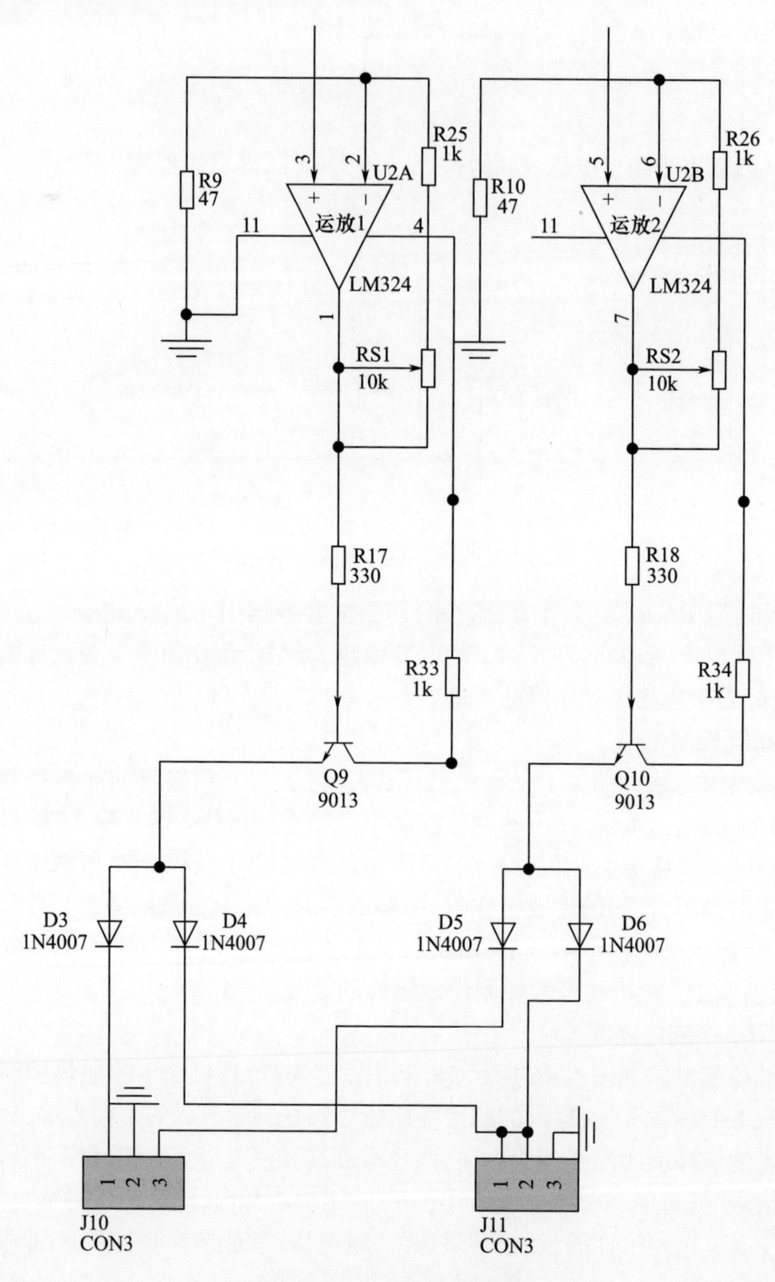

图 4.15　跟踪控制电路图

控回路有感性负载,则容易产生触点燃弧及回跳,对外界的电磁干扰较大。随着半导体技术的发展,在 20 世纪 70 年代研制出了一种全部由固态电子元件组成的新

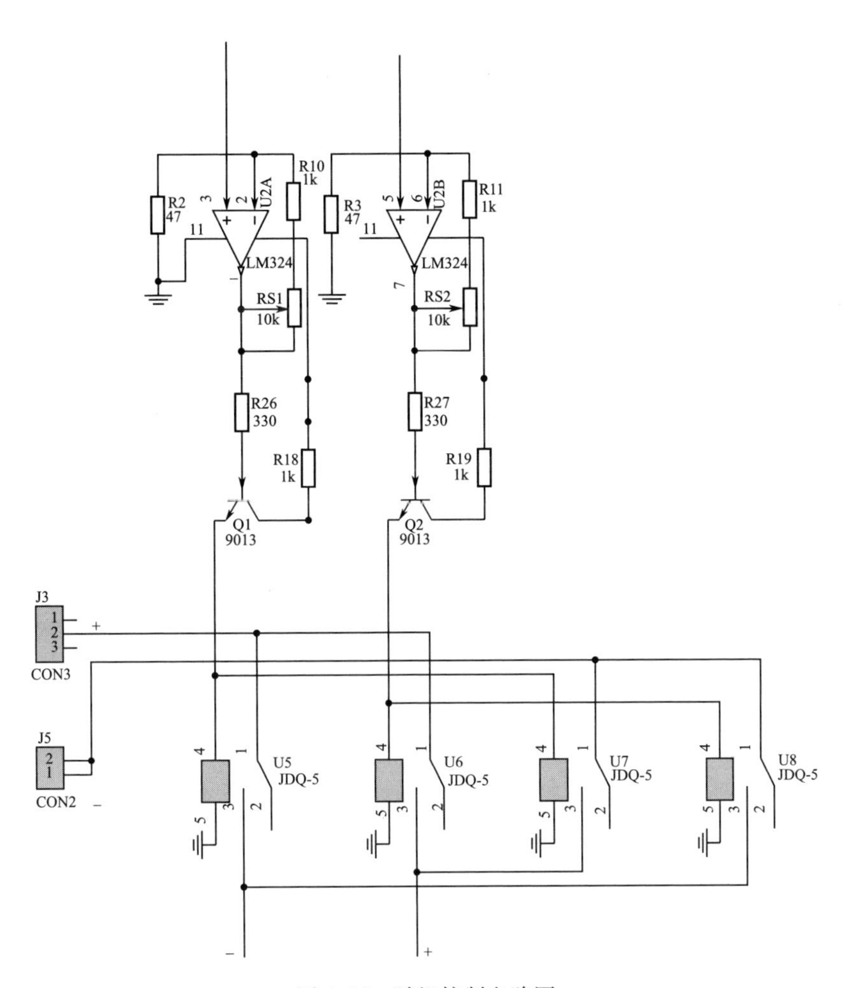

图 4.16　随机控制电路图

型无触点开关器件——固态继电器(SSR)。固态继电器的主要特点是:无触点、无火花、无噪声通断电路,开关速度快,对外界干扰小;驱动功率小,输入控制电压与CMOS、TTL、L、HTL等逻辑电路兼容;输入与输出之间采用光电隔离,可实现在以弱控强的同时,做到弱电与强电完全隔离;输出部分一般含有RC过压吸收电路,以防止瞬间过压造成损坏;耐冲击、耐振、耐潮、耐腐蚀,使用寿命长;有多种规格可以选择,输入有电阻限流直流、恒流直流和交流等方式,输出有直流和交流方式。

原理样机选用规格为直流3~32V输入,直流200V输出的固态继电器,其控制电流变向原理图如图4.17所示。

隐身模块上的半导体热电制冷堆是由四个固态继电器控制工作电流方向,其

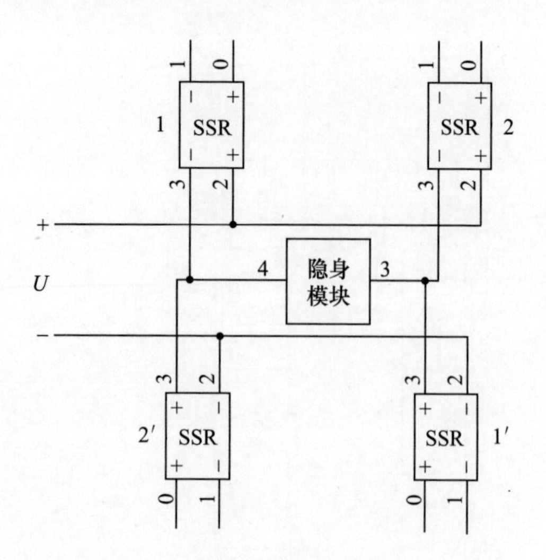

图 4.17　固态继电器控制电流变向原理图

中 1 和 1′、2 和 2′分别控制通断一个回路。当有控制信号到达 1 和 1′输入端时，1 和 1′闭合，而 2 和 2′仍保持断开状态，此时隐身模块的电流从 4 端流向 5 端；同理，2 和 2′闭合后将使原理样机的工作电流换向。

4.5.3　目标背景辐射温度比较与系统控制逻辑

系统控制时，根据目标与背景的温差情况决定控制电压的大小和方向（图 4.18），为达到好的控制效果，按照一定的控制逻辑使目标温度一直向目标与背景辐射温差减小的方向进行控制。控制电压随着目标接近的程度改变。在目标辐射温度接近背景辐射温度时，采用程控电源，按接近程度的大小呈线性关系变化。

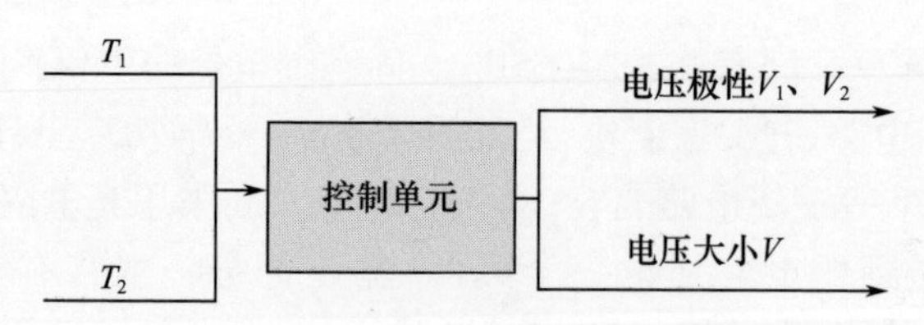

图 4.18　目标背景辐射温度比较

使用时，使用 1 号测温探头对着目标，使用 2 号测温探头对着背景。令 T_1 和 T_2分别表示 1 号探头和 2 号探头的温度测量值，控制单元比较 T_1 和 T_2的差异，T_1 和 T_2差值的大小决定了程控电源输出电压 V 的大小，T_1 和 T_2谁大谁小决定了加载在半导体器件上电压极性的正反。本系统控制逻辑关系如表 4.1 所列。

表4.1 系统的控制逻辑关系

序号	T_1,T_2	V	V_1	V_2
1	(4.5,∞)	72	8	0
2	(3.5,4.5)	60	8	0
3	(2.5,3.5)	48	8	0
4	(1.5,2.5)	36	8	0
5	(0.5,1.5)	12	8	0
6	(0,0.5)	0	0	0
7	(-0.5,0)	0	0	0
8	(-1.5,-0.5)	12	0	8
9	(-2.5,-1.5)	36	0	8
10	(-3.5,-2.5)	48	0	8
11	(-4.5,-3.5)	60	0	8
12	(-∞,-4.5)	72	0	8

4.5.4 制冷制热控制指令

控制模块让目标制冷还是制热,通过 V_1 和 V_2 以及相应的值来设定。

控制模块通过控制加载在半导体器件上电压的大小来控制目标表面制冷制热的快慢。系统根据目标背景温差大小的不同,灵活设置加载在半导体器件上的电压大小。本系统中给半导体温度控制模块提供可编程电压的是 HSPY3603 程控电源,该电源采用 RS-232 或者 RS-485 传输标准和 MODBUS RTU 通信协议与计算机、单片机进行通信。

1. 通信信息传输过程

当通信命令由发送设备(主机)发送至接收设备(从机)时,符合相应地址码的从机接收通信命令,并根据功能码及相关要求读取信息,如果 CRC 校验无误,则执行相应的任务,然后把执行结果(数据)返送给主机。返回的信息中包括地址码、功能码、执行后的数据以及 CRC 校验码。如果 CRC 校验出错就不返回任何信息。

1) 地址码

地址码是每次通信信息帧的第一字节(8bit),为 0~255。这个字节表明由用户设置地址的从机将接收由主机发送来的信息。每个从机都必须有唯一的地址码,并且只有符合地址码的从机才能响应回送信息。当从机回送信息时,回送数据均以各自的地址码开始。主机发送的地址码表明将发送到的从机地址,而从机返回的地址码表明回送的从机地址。相应的地址码表明该信息来自于何处。

2）功能码

是每次通信信息帧传送的第二个字节。ModBus 通信规约可定义的功能码为 1～127（表 4.2）。作为主机请求发送，通过功能码告诉从机应执行什么动作。作为从机响应，从机返回的功能码与从主机发送来的功能码一样，并表明从机已响应主机并且已进行相关的操作。

表 4.2　MODBUS 部分功能码

功能码	定义	操作（二进制）
02	读开关量输入 DI	读取一路或多路开关量状态输入数（遥信）
01	读状态量输出 OUT	读取一路或多路开关量输出状态数据
03	读寄存器数据	读取一个或多个寄存器的数据
05	写开关量输出 OUT	控制一路继电器“合/分”输出，遥控
06	写单路寄存器	把一组二进制数据写入单个寄存器
10	写多路寄存器	把多组二进制数据写入多个寄存器

3）数据区

数据区包括需要由从机返送何种信息或执行什么动作。这些信息可以是数据（如开关量输入/输出、模拟量输入/输出、寄存器等）、参考地址等。例如，主机通过功能码 03 告诉从机返回寄存器的值（包含要读取寄存器的起始地址及读取寄存器的长度），则返回的数据包括寄存器的数据长度及数据内容。对于不同的从机，地址和数据信息都不相同（应给出通信信息表）。

HSPY 系列电源采用 Modbus 通信规约，主机（PLC、RTU、PC、DCS 等）利用通信命令（功能码 03），可以任意读取其数据寄存器。

HSPY 响应的命令格式是从机地址、功能码、数据区及 CRC 码。数据区的数据都是两个字节，并且高位在前。HSPY 系列电源参数设定表如表 4.3 所列。

表 4.3　HSPY 系列电源参数设定表

序号	名称	说明	范围	小数点位数	读/写	参数通信地址
1	Set－U	电源的电压设定值	0～65535	2	r/w	1000H
2	Set－I	电源的电流设定值	0～65535	3	r/w	1001H
3	U	电源的电压显示值	0～65535	2	r	1002H
4	I	电源的电流显示值	0～65535	3	r	1003H
5	Run－Stop	电源输出/停止设定	0，1	0	r/w	1004H
6	RS－Adder	通信地址设定	0～255	0	r/w	1005H
7	Key－Lock	按键锁定	0，1	0	r/w	1006H
8	起/停	共用电源输出/停止设定	0，1	0	r/w	1009H

4）静止时间要求

发送数据前要求数据总线静止时间即无数据发送时间大于(5ms 波特率为9600 时)。

2. MODBUS_RTU 帧结构

消息发送至少要以3.5个字符时间的停顿间隔开始;整个消息帧必须作为一连续的数据传输流,如果在帧完成之前有超过3.5个字符时间的停顿时间,接收设备将刷新不完整的消息并假定下一字节是一个新消息的地址域。同样地,如果一个新消息在小于3.5个字符时间内接着前个消息开始,接收的设备将认为它是前一消息的延续。

MODBUS_RTU 帧信息的标准结构如表4.4所列。

表4.4　MODBUS_RTU 帧结构

开始	地址域	功能域	数据域	CRC 校验	结束
$T_1-T_2-T_3-T_4$	8bit	8bit	n 个 8bit	16bit	$T_1-T_2-T_3-T_4$

地址域:主机通过将要联络的从机的地址放入消息中的地址域来选通从设备,单个从机的地址范围为1~15(十进制)。

地址0是用作广播地址,以使所有的从机都能认识。

功能域:有效的编码范围为1~255(十进制);当消息从主机发往从机时,功能代码将告之从机需要去干什么。如读/写一组寄存器的数据内容等。

数据域:主机发给从机的数据域中包含了从机完成功能域的动作时所必要的附加信息。如寄存器地址等。

CRC 校验:CRC 生成之后,低字节在前,高字节在后。

注:通信速率不小于9600bit/s 时,本仪表通信时帧与帧之间的响应间隔不大于5ms。

3. MODBUS_RTU 通信协议

通信数据的类型及格式为:信息传输为异步方式,并以字节为单位。在主站和从站之间传递的通信信息是10位的字格式,如表4.5所列。通信数据(信息帧)格式如表4.6所列。

表4.5　MODBUS_RTU 通信协议主、从站之间传递通信信息的字格式

字格式(串行数据)	10位二进制
起始位	1位
数据位	8位
奇偶校验位	无
停止位	1位

表 4.6　MODBUS_RTS 通信协议通信数据(信息帧)格式

数据格式	地址码	功能码	数据区	CRC 校验
数据长度	1B	1B	*N*B	16 位 CRC 码(冗余循环码)

4. MODBUS_RTU 功能码简介

(1) 功能码“03”:读多路寄存器输入。

例如,主机要读取地址为 01,起始地址为 1000 的两个从机寄存器数据。从机数据寄存器的地址和数据如表 4.7 所列。

表 4.7　从机数据寄存器的地址和数据

寄存器地址	寄存器数据(16 进制)	对应参数
1000	0E10(36.00V)	Set - U
1001	0BB8(3.00A)	Set - I

主机发送的报文格式如表 4.8 所列。

表 4.8　主机发送的报文格式 1

主机发送	字节数/B	发送的信息	备注
从机地址	1	01	发送至地址为 01 的从机
功能码	1	03	读寄存器
起始地址	2	1000	起始地址为 0000
读数据长度	2	0002	读取两个寄存器(共 4B)
CRC 码	2	C0CB	由主机计算得到 CRC 码

从机响应返回的报文格式如表 4.9 所列。

表 4.9　从机响应返回的报文格式 1

从机响应	字节数/B	返回的信息	备注
从机地址	1	01	来自从机 01
功能码	1	03	读寄存器
数据长度(字节数)	1	04	共 4B
寄存器 1 的数据	2	0E10	地址为 0000 寄存器的内容
寄存器 2 的数据	2	C0CB	地址为 0001 寄存器的内容
CRC 码	2	6089	由从机计算得到 CRC 码

(2) 功能码“10”:写多路寄存器。

主机利用这个功能码把多个数据保存到 HSPY 电源的数据存储器中去。ModBus 通信规约中的寄存器指的是 16 位(2B),并且高位在前。这样 HSPY 的存储器都是 2B。

例如,主机要把0E10保存到地址为1000的从机寄存器中去(从机地址码为01)。

主机发送的报文格式如表4.10所列。

表4.10　主机发送的报文格式2

主机发送	字节数/B	发送的信息	备注
从机地址	1	01	发送至地址为01的从机
功能码	1	10	写多路寄存器
起始地址	2	1000	要写入的寄存器的起始地址
保存数据长度	2	0001	保存数据的字长度
保存数据字节长	1	02	保存数据的字节长度(4B)
保存数据1	2	0E10	待写入1000地址的数据
CRC码	2	B23D	由主机计算得到CRC码

从机响应返回的报文格式如表4.11所列。

表4.11　从机响应返回的报文格式2

从机响应	字节数/B	发送的信息	备注
从机地址	1	01	发送至地址为01的从机
功能码	1	10	写多路寄存器
起始地址	2	1000	要写入的寄存器的起始地址
保存数据长度	2	0001	保存数据的字长度
CRC码	2	0509	由从机计算得到CRC码

5. 错误校验码(CRC校验)

主机或从机可用校验码进行判别接收信息是否正确。由于电子噪声或一些其他干扰,信息在传输过程中有时会发生错误,错误校验码(CRC)可以检验主机或从机在通信数据传送过程中的信息是否有误,错误的数据可以放弃(无论是发送还是接收),这样就增加了系统的安全和效率。

ModBus通信协议的CRC(冗余循环码)包含两个字节,即16位二进制数。CRC码由发送设备(主机)计算,放置于发送信息帧的尾部。接收信息的设备(从机)再重新计算接收到信息的CRC,比较计算得到的CRC是否与接收到的相符,如果两者不相符,则表明出错。

CRC码的计算方法如下:

(1) 预置一个16位的寄存器为十六进制FFFF(即全为1);称此寄存器为CRC寄存器;

(2) 把第一个8位二进制数据(通信信息帧的第一个字节)与16位的CRC寄

存器的低 8 位相异或,把结果放于 CRC 寄存器;

(3) 把 CRC 寄存器的内容右移一位(朝低位)用 0 填补最高位,并检查右移后的移出位;

(4) 如果移出位为 0,则重复步骤 3(再次右移 1 位);如果移出位为 1,则 CRC 寄存器与多项式 A001(1010 0000 0000 0001)进行异或;

(5) 重复步骤(3)和步骤(4),直到右移 8 次,这样整个 8 位数据全部进行了处理;

(6) 重复步骤(2)到步骤(5),进行通信信息帧下一个字节的处理;

(7) 将该通信信息帧所有字节按上述步骤计算完成后,得到的 16 位 CRC 寄存器的高、低字节进行交换;

(8) 最后得到的 CRC 寄存器内容,即为 CRC 码。

6. 通信命令列表

00 03 10 00 00 01 81 1B//读当前电压设定值

00 03 10 01 00 01 D0 DB//读当前电流设定值

00 03 10 02 00 01 20 DB//读当前电压显示值

00 03 10 03 00 01 71 1B//读当前电流显示值

⋮

00 10 10 00 00 01 02 03 E8 BA BF//设定当前电压 10.00V 输出值

00 10 10 01 00 01 02 03 E8 BB 6E//设定当前电流 1.000A 输出值

00 10 10 04 00 01 02 00 01 7A 45//设定电源的起/停

00 10 10 05 00 01 02 00 01 7B 94//设定通信地址

00 10 10 06 00 01 02 00 01 7B A7//设定当前按键锁

参考文献

[1] 余成波,胡新宇,赵勇. 传感器与自动检测技术[M]. 北京:高等教育出版社,2004.

[2] 陈焕生. 温度测试技术及仪表[M]. 北京:水利电力出版社,1987.

[3] 何勇,王生泽. 光电传感器及其应用[M]. 北京:化学工业出版社,2004.

[4] 吕相银,杨莉. 热成像系统中的视在温差研究[J]. 兵工学报,2010,31(8):1059-1062.

[5] 吕相银,杨莉,凌永顺. 半导体制冷表面温度的动态特性[J]. 低温工程,2006,(6):45-47.

[6] 宋福印,路远,杨星,等. 基于 BP 神经网络的红外透过率计算[J]. 光电子·激光,2017,28(06):680-685.

[7] 宋福印,路远,凌永顺,等. 基于 BP 神经网络的水蒸气红外透过率仿真[J]. 光电子·激光,2017,28(04):451-456.

[8] 宋福印,路远,杨星,等. 实测数据参数拟合的红外大气透过率仿真[J]. 激光与红外,2017,47(02):183－188.

[9] 宋福印,路远,乔亚,等. 基于实测大气参数的水蒸气吸收衰减的仿真计算[J]. 激光与红外,2016,46(10):1256－1260.

[10] 杨立. 红外热像仪测温计算与误差分析[J]. 红外技术. 1999,21(4):20－24.

[11] INAGAKI T, OKAMOTO Y. Surface temperature measurement near ambient conditions using infrared radiometers with different detection wavelength bands by applying a grey－body approximation:estimation of radiative properties for non－metal surfaces[J]. NDT&E International, 1996,29(6):363－369.

[12] 王仲生. 智能检测与控制技术[M]. 西安:西北工业大学出版社,2002.

[13] 薛弘晔. 计算机控制技术[M]. 西安:西安电子科技大学出版社,2003.

[14] OGATA K. 现代控制工程[M]. 卢伯英,于海勋,等译. 北京:电子工业出版社,2003.

[15] 赵渠森. 先进复合材料手册[M]. 北京:机械工业出版社,2003.

[16] 徐培林,张淑芩. 聚氨酯材料手册[M]. 北京:化学工业出版社,2002.

[17] 刘景生. 红外物理[M]. 北京:兵器工业出版社,1992.

[18] 杨宜禾,岳敏,周维真. 红外系统[M]. 北京:国防工业出版社,1995.

[19] 张敬贤,李玉丹,金伟其. 微光与红外成像技术[M]. 北京:北京理工大学出版社,1995.

第 5 章

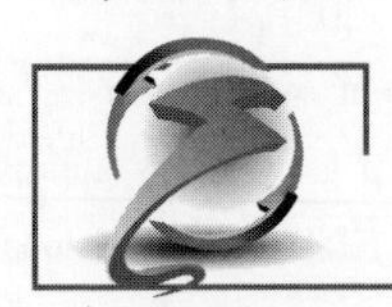

热特征控制技术试验

为验证热特征控制技术对温度和红外辐射特征的自动调控效果,通过几组典型条件下的试验对热特征控制原理样机进行性能测试。采用红外测温仪测试温控模块表面温度变化,或者利用热像仪记录启动后各时间点温控模块表面的热像图,并从红外统计特性角度对试验结果进行分析。试验内容主要分为以下三个部分。

(1) 在室外,进行原理样机温控模块降温测试;

(2) 在室内,原理样机温控模块表面辐射温度跟踪背景辐射温度的性能测试,背景为瓷砖地面;

(3) 在室外,原理样机温控模块表面辐射温度跟踪背景辐射温度的性能测试,背景分别为水泥地、草地和砖石地。

5.1 目标热特征控制技术的室外降温测试

5.1.1 各种电压电流情况下温控模块降温试验

由于在控制目标温度的过程中,电能的使用会带来一定的电加热,因而会造成降温比升温困难,自动温控的主要难度在于降温。因此,有必要在自然环境下对温控模块的降温能力进行测试。

在有阳光直射和无阳光直射两种条件下,分别为温控模块提供 36V、48V、60V、72V 和 84V 的直流电压,进行降温试验(试验环境气温 16.7℃,相对湿度 50%),采用 MX™ 型高性能红外测温仪(测温范围: -30 ~ 900℃,测温分辨率为 0.1℃,光谱响应范围为 8 ~ 14μm)测量表面温度,得到不同电压下的降温曲线,如图 5.1 和图 5.2 所示。

通过整理分析温控模块的降温测试数据,可得到不同条件下、不同电压时的平衡功耗、平衡温度、降温幅度以及降温速率等参量,如表 5.1 和表 5.2 所列。并由

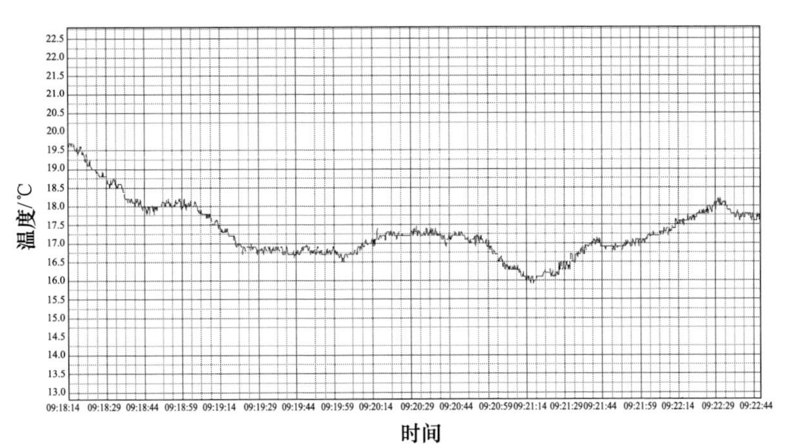

(a) 供电电压36V

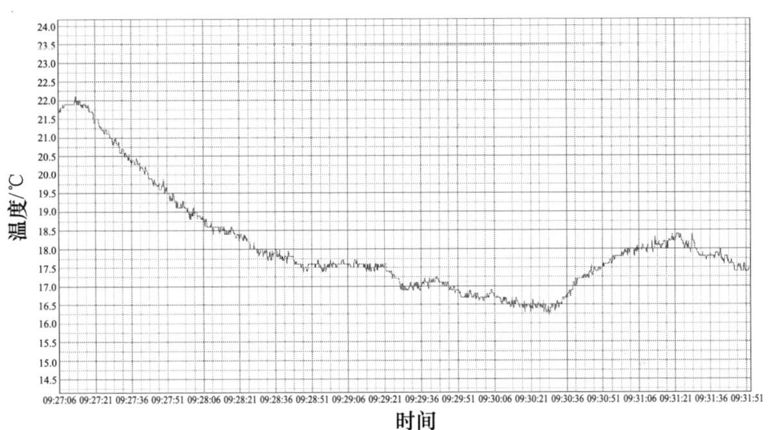

(b) 供电电压48V

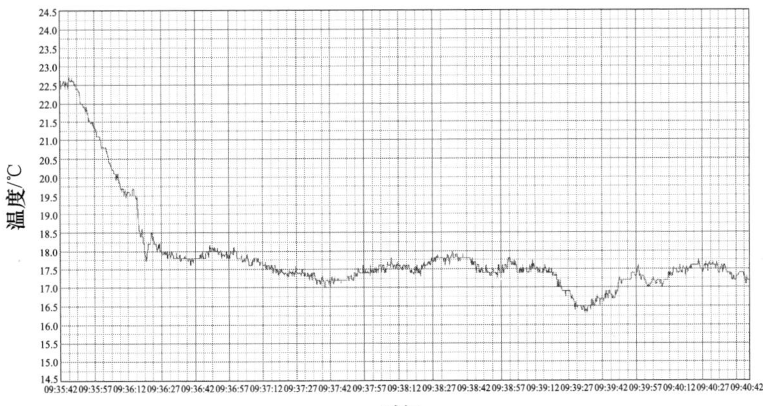

(c) 供电电压60V

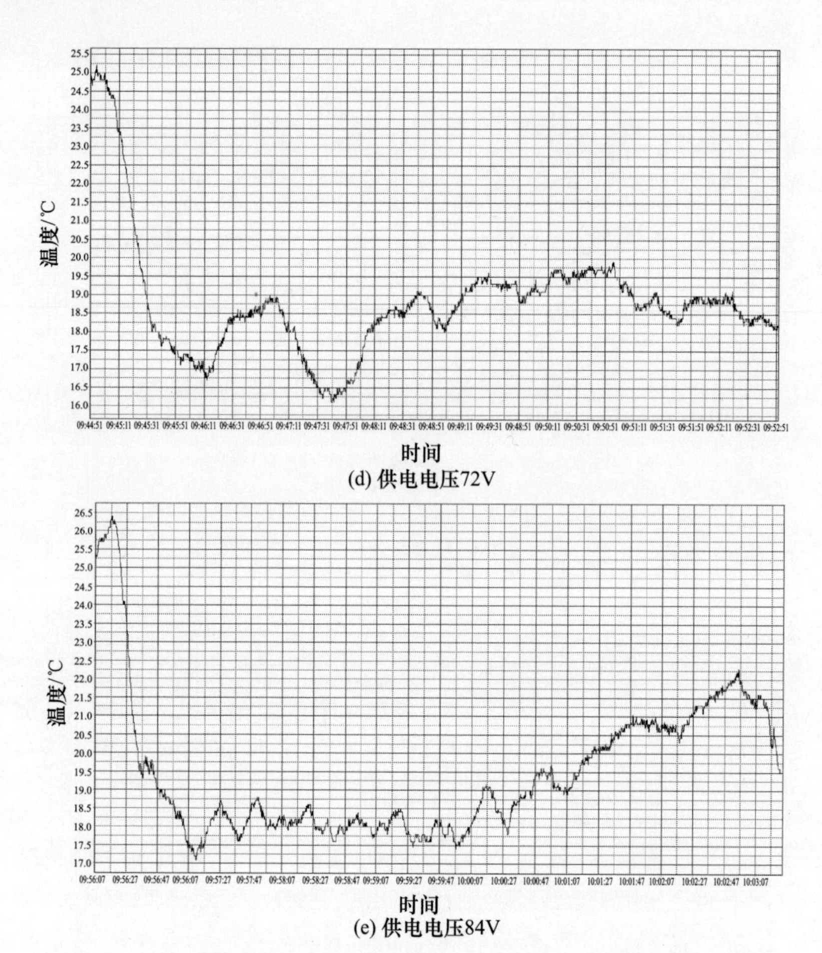

(d) 供电电压72V

(e) 供电电压84V

图 5.1　阳光直射条件下不同电压供电时温控模块表面温度变化曲线

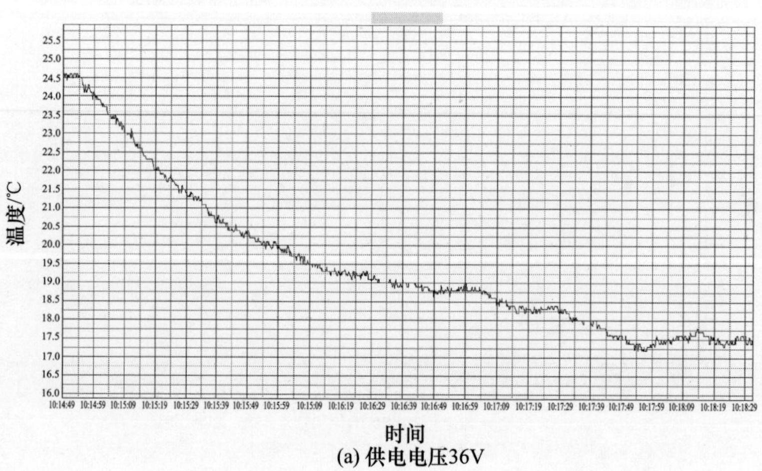

(a) 供电电压36V

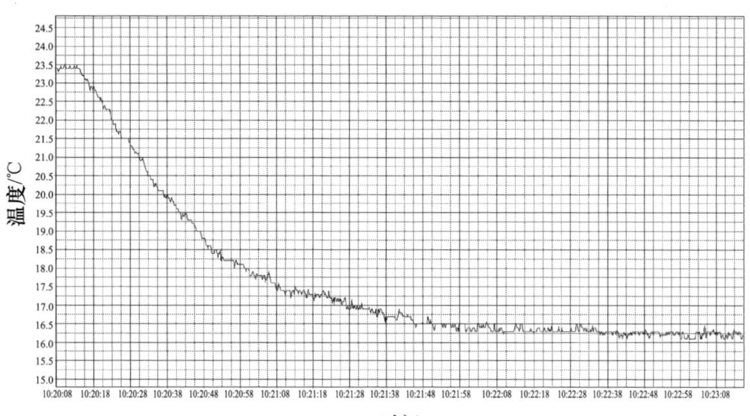

时间

(b) 供电电压48V

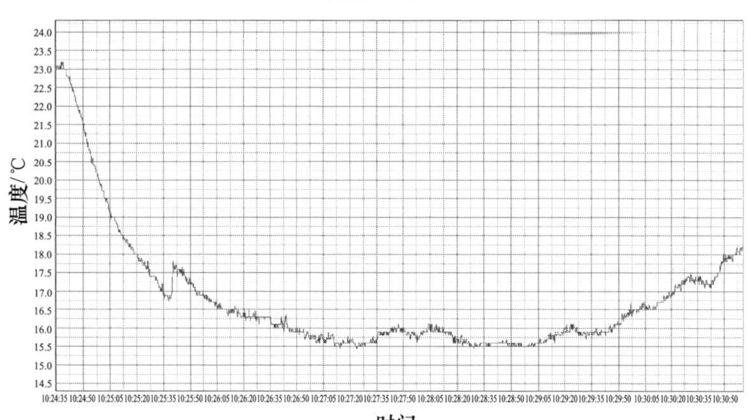

时间

(c) 供电电压60V

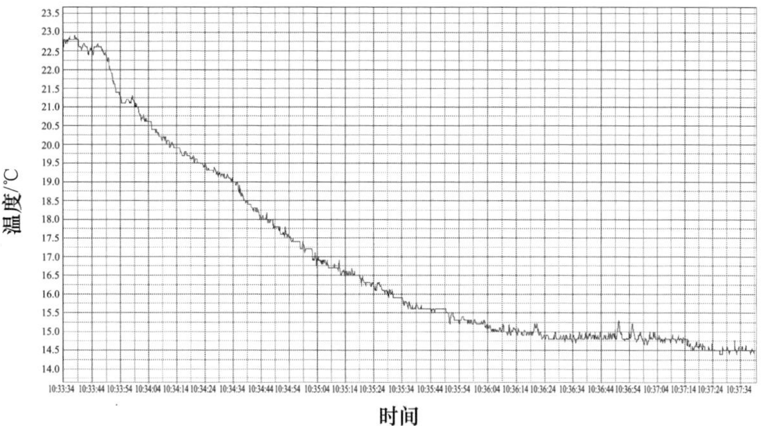

时间

(d) 供电电压72V

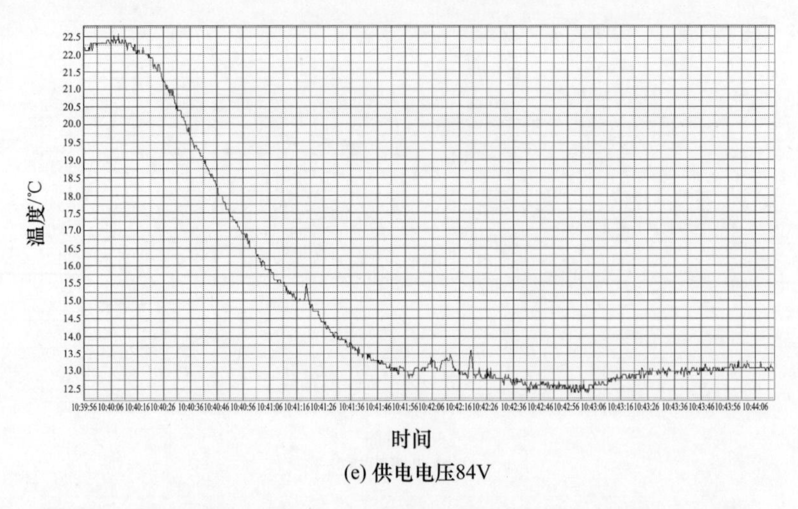

(e) 供电电压84V

图 5.2　无阳光直射条件下不同电压供电时温控模块表面温度变化曲线

表 5.1 和表 5.2 分析可知，在有阳光直射和无阳光直射两种条件下，随着供电电压的升高，降温速率和降温幅度都大幅增加，同时平衡功耗也大幅增加。但是，在无阳光直射时，温控模块的降温幅度会增大，且平衡功耗略有减小。

通过降温测试数据可以看出，温控模块可以使表面长时间达到一定的温度降幅，而根据目标所处环境的温度数据看，温控模块可以达到所需要的降温能力，能够满足目标红外特征自动调控的需求。

表 5.1　阳光直射条件下不同电压供电时温控模块试验数据

试验序号	供电电压/V	初始电流/A	稳定电流/A	平衡功耗/W	初始温度/℃	平衡温度/℃	热平衡时间/s	降温幅度/K	降温速率/(K/s)
1	36	1.1	0.9	32.4	19.6	17.0	67	2.6	0.038
2	48	1.3	1.2	57.6	22.0	17.5	105	4.5	0.06
3	60	1.88	1.49	89.4	22.6	17.5	60	5.1	0.083
4	72	2.71	1.79	128.9	25.0	18.0	37	7.0	0.189
5	84	2.53	2.15	180.6	26.0	18.0	45	8.0	0.178

表 5.2　无阳光直射条件下不同电压供电时温控模块试验数据

试验序号	供电电压/V	初始电流/A	稳定电流/A	平衡功耗/W	初始温度/℃	平衡温度/℃	热平衡时间/s	降温幅度/K	降温速率/(K/s)
1	36	1.01	0.8	28.8	24.5	17.5	270	7.0	0.026
2	48	1.38	1.08	51.8	23.5	16.25	150	7.25	0.048
3	60	1.7	1.44	86.4	23.0	15.5	150	7.5	0.05

（续）

试验序号	供电电压/V	初始电流/A	稳定电流/A	平衡功耗/W	初始温度/℃	平衡温度/℃	热平衡时间/s	降温幅度/K	降温速率/(K/s)
4	72	2.15	1.71	123.1	22.75	14.5	180	8.25	0.046
5	84	2.50	2.04	171.4	22.5	12.5	165	10.0	0.06

5.1.2　初冬天气情况下温控模块降温试验

本节主要试验在初冬天气情况下，温控模块的降温能力。测试时间为 2014 年 11 月 7 日，立冬，上午多云，下午阴天，晚上转小雨，当日最高温度为 17℃，最低温度 10℃，试验时间段为 9：17～10：14。

使原理样机工作在制冷模式，采集温控模块表面温度，分析其降温能力。开启降温模式，利用红外测温仪测量并记录目标表面温度。随着试验时间的变化，温控模块的初始温度各不相同，进行了 4 次试验，得到试验结果如图 5.3～图 5.6 所示。

由图 5.3～图 5.6 可以看出，图 5.3 中，最低温度为 0.5℃，平衡温度为 5.3℃，最低温度最低，平衡温度与初始温度相差约为 9℃。其余三幅图中，最低温度相差 5℃左右，平衡温度相差 6℃左右，平衡温度比初始温度低约 15℃。出现这种情况的主要原因是在第一次试验中，温控模块从室内取出来时原始温度较低。后来经过试验以及太阳照射，温度有所升高，趋于正常，后三次试验数据比较接近。原理样机在初冬这种天气情况下，有较好的降温能力，能满足自动温控的需求。

图 5.3 中，初始温度为 14.3℃，最低温度为 0.5℃，平衡温度为 5.3℃。

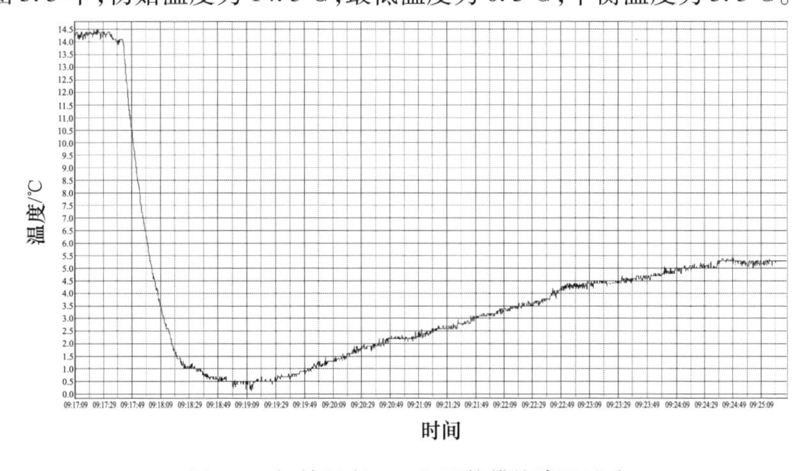

图 5.3　初始温度 14.2℃温控模块降温试验

图5.4中,初始温度为20.5℃,最低温度为3.5℃,平衡温度为5.3℃。

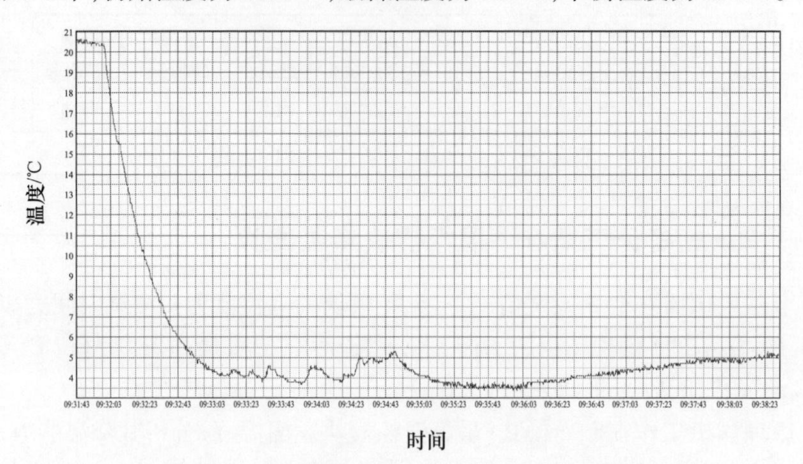

图5.4　初始温度20.5℃温控模块降温试验

图5.5中,初始温度为23℃,最低温度为5.2℃,平衡温度为6.3℃。

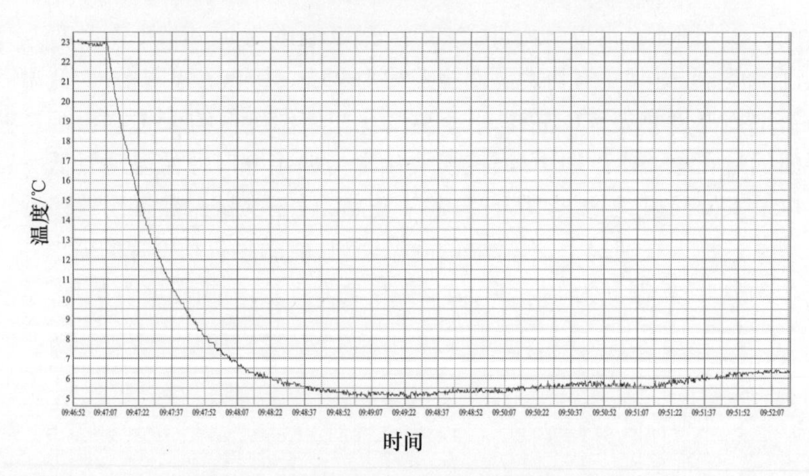

图5.5　初始温度23℃温控模块降温试验

图5.6中,初始温度为21.5℃,最低温度为4.6℃,平衡温度为6.5℃。

5.2　目标热特征控制技术的室内自动调控试验

在室内,采用FLIR ThermaCAM PM595固态自扫描热像仪,320×240元焦平面阵探测器,工作波段为7.5~13μm,视场为24°×18°,瞬时视场为1.3mrad,热灵敏度为0.1K。测试温控模块表面辐射温度跟踪背景辐射温度的性能。试验环境

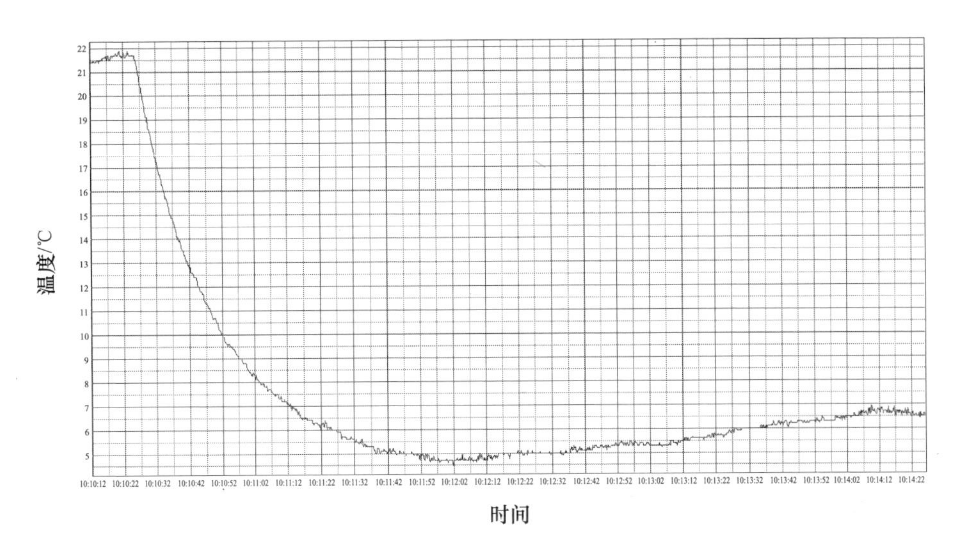

图 5.6　初始温度 21.5℃温控模块降温试验

气温为 14℃，相对湿度 40%，测温设备为 Optris CS 红外测温仪，测温范围为 −40 ~ 1030℃，测温精度为 ±0.1℃，光谱响应范围是 8 ~ 14μm，背景为瓷砖地面。

5.2.1　跟踪高温背景试验

把样机的温控模块强行制冷低于背景 7℃，然后让温控模块跟踪背景温度。图 5.7 所示为样机工作过程中温控模块的红外图像及其灰度直方图和统计特性。

从图 5.7 和图 5.8 可以看出温控模块表面辐射温度一直处于上升趋势，其升温速率约为 0.39℃/s，到第 18 秒左右时与背景基本融合；从红外图像的统计特性也可以得到，在前 18 秒的红外热像中，可以通过阈值分割，明显探测、辨识目标，但是在第 18 秒以后，其灰度直方图只有一条狭长的峰，并且其均值和方差几乎保持恒定（表 5.3），很难对样机与背景进行阈值分割，目标几乎实现与背景（地表）的完全融合，达到在极短时间内样机动态红外特征自动调控的目的。

表 5.3　不同时刻灰度直方图的均值和方差

时间/s	0	3	6	9	12	15	18	25	100
均值 $\overline{I}$	116.818	124.249	136.806	152.29	157.042	176.486	182.74	186.22	186.47
方差 σ	56.90	49.67	41.81	30.02	21.01	9.74	7.15	6.42	6.45

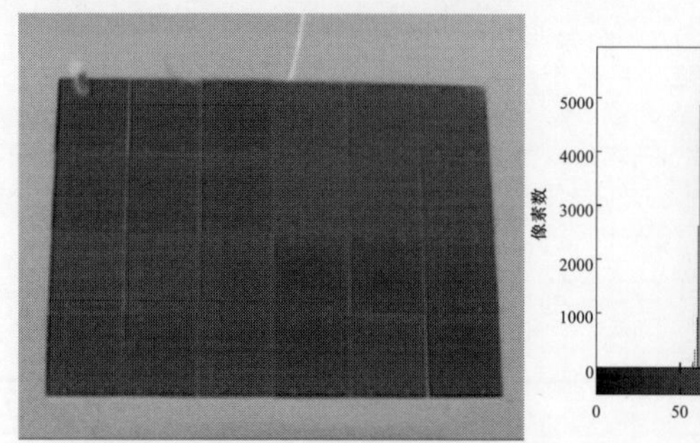
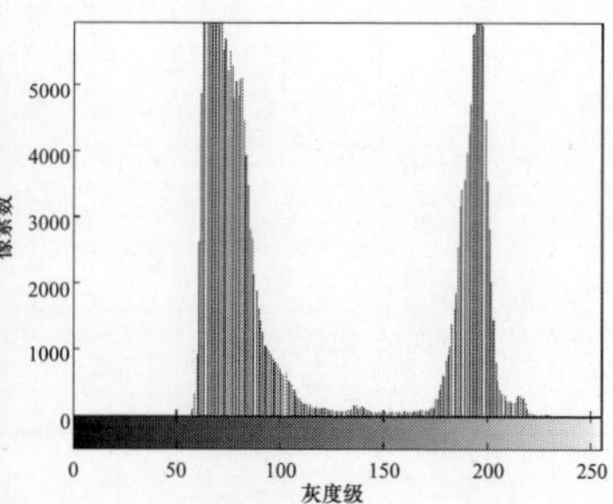

(a) 第0秒温控模块红外图像及其灰度直方图

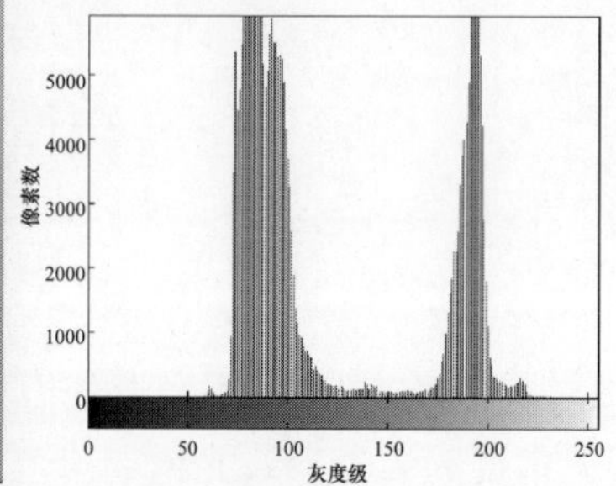

(b) 第3秒温控模块红外图像及其灰度直方图

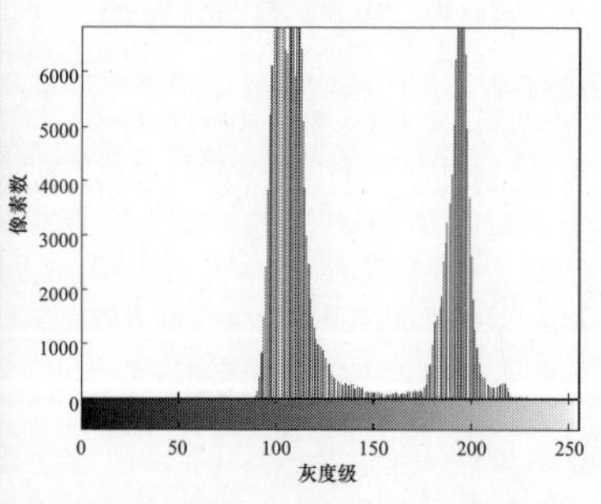

(c) 第6秒温控模块红外图像及其灰度直方图

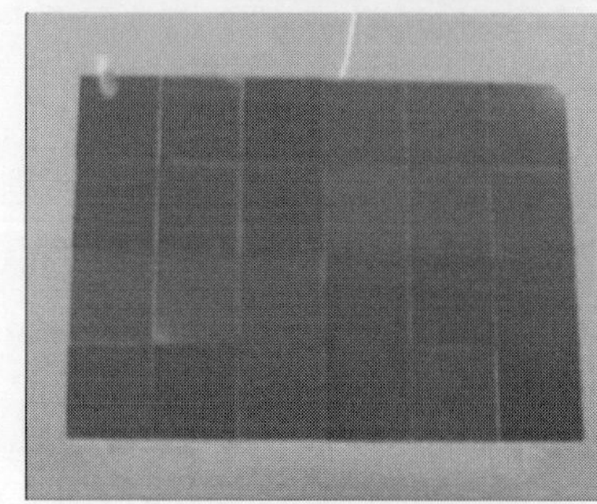
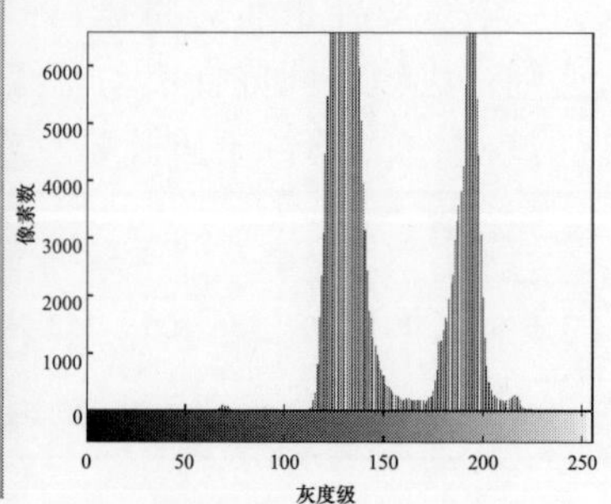

(d) 第9秒温控模块红外图像及其灰度直方图

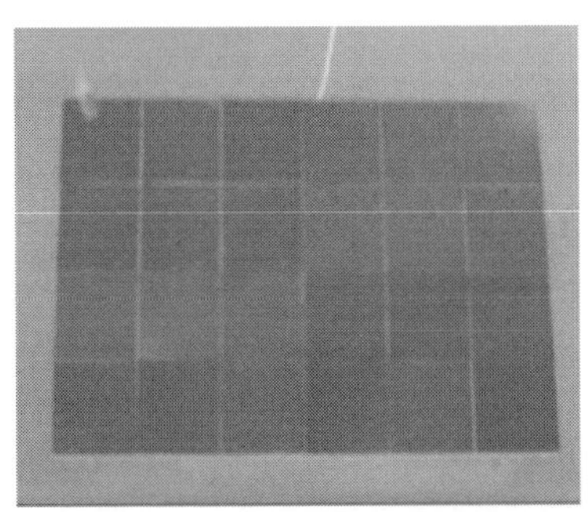

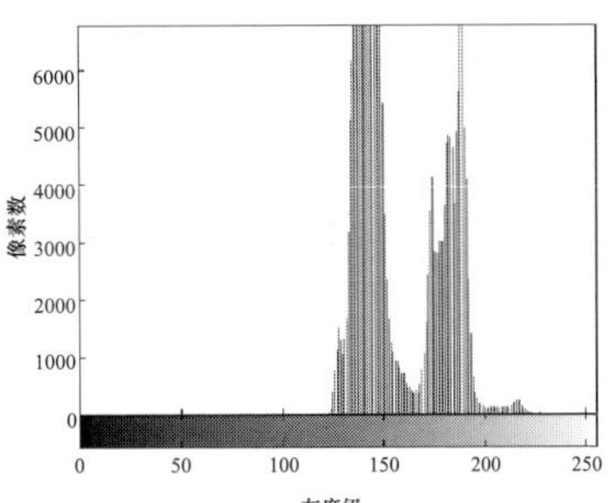

(e) 第12秒温控模块红外图像及其灰度直方图

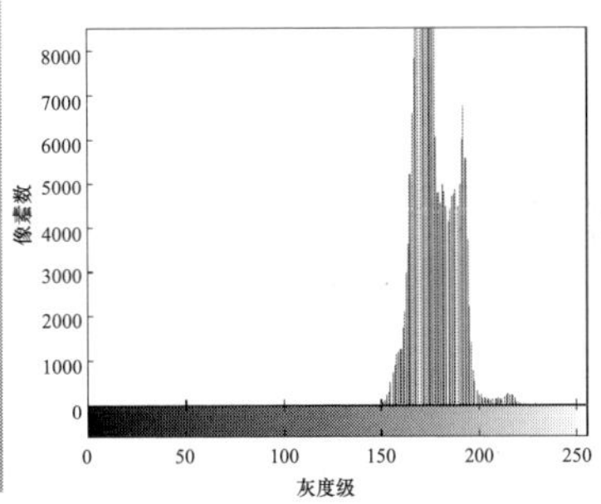

(f) 第15秒温控模块红外图像及其灰度直方图

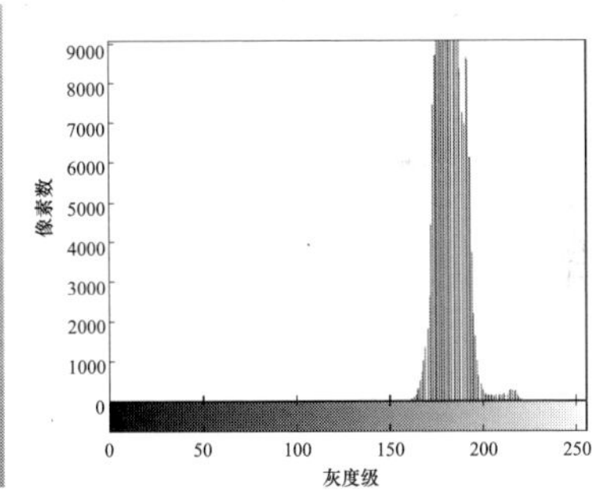

(g) 第18秒温控模块红外图像及其灰度直方图

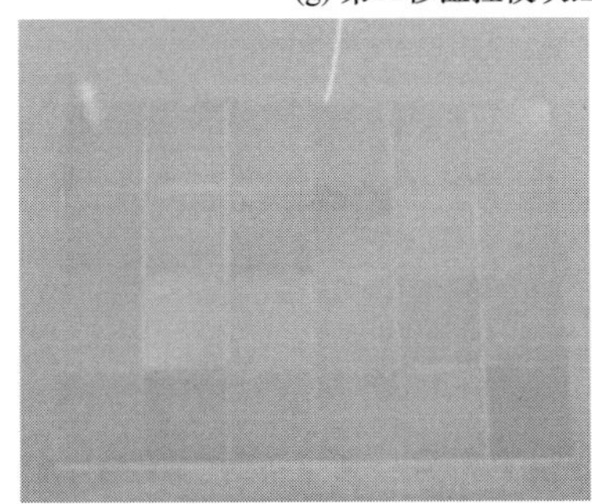

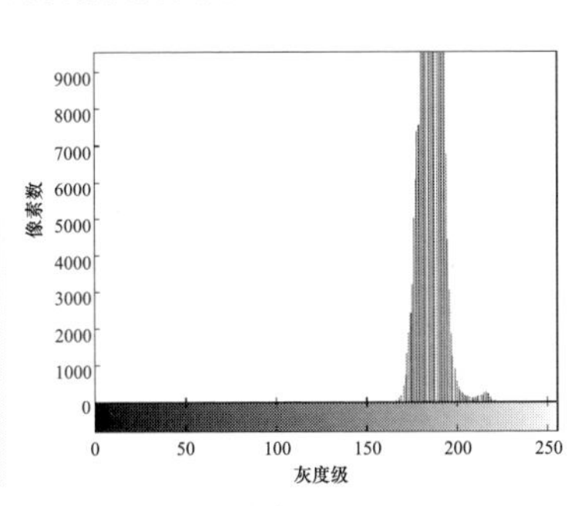

(h) 第25秒温控模块红外图像及其灰度直方图

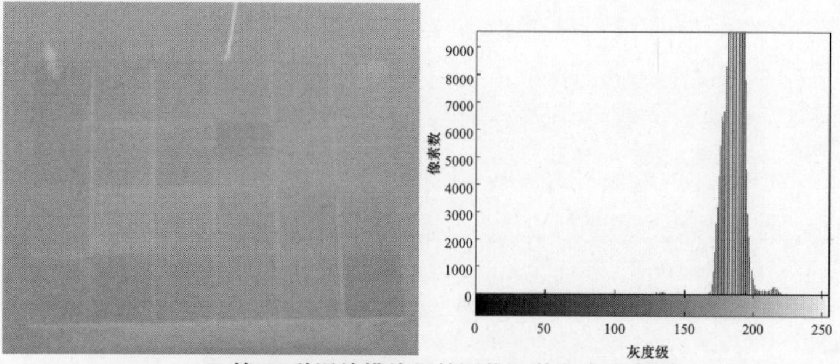

(i) 第100秒温控模块红外图像及其灰度直方图

图 5.7　典型时刻样机温控模块升温跟踪背景的红外热像及其对应的灰度直方图

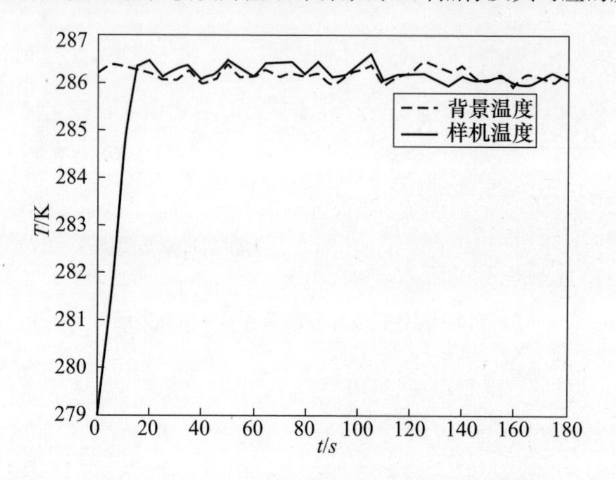

图 5.8　样机温度跟踪背景温度的动态曲线图

5.2.2　跟踪低温背景试验

把样机的温控模块强行加热高于背景 16℃，然后让温控模块跟踪背景温度。图 5.9 为样机工作过程中温控模块的红外图像及其灰度直方图和统计特性。

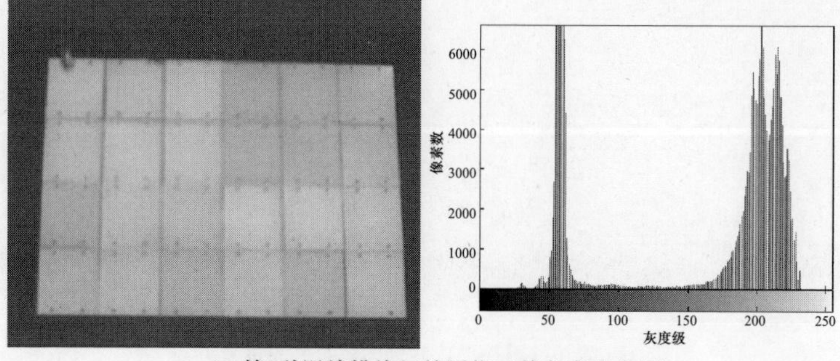

(a) 第0秒温控模块红外图像及其灰度直方图

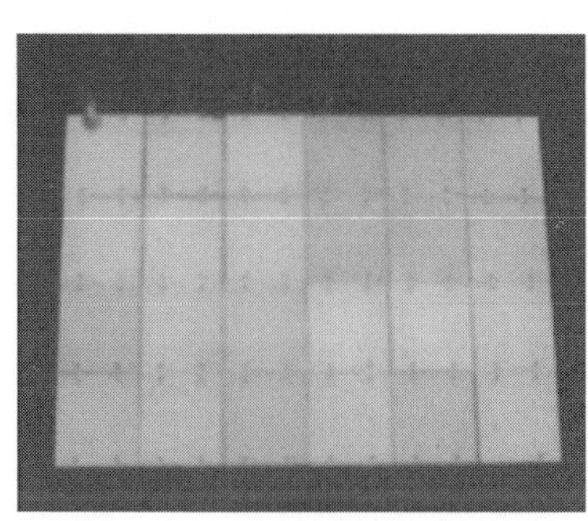
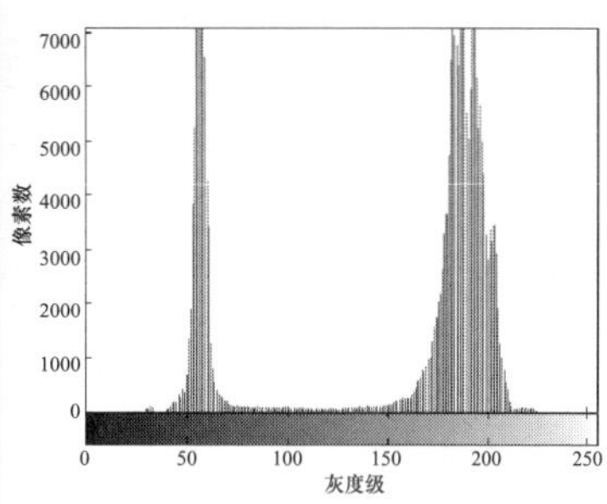

(b) 第4秒温控模块红外图像及其灰度直方图

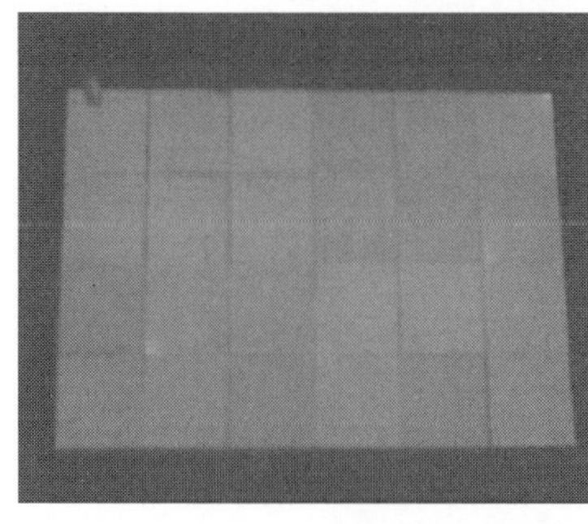
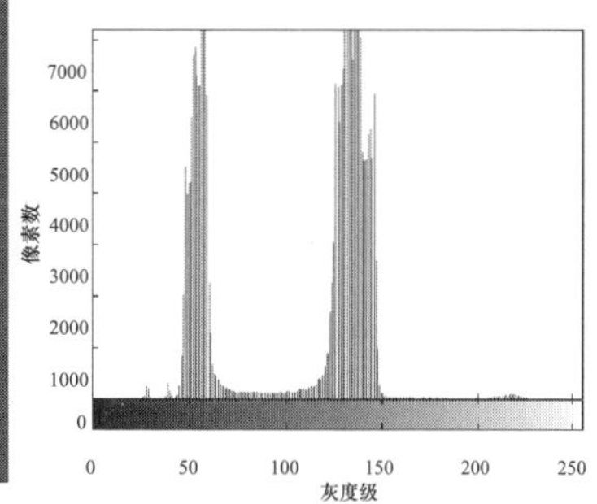

(c) 第8秒温控模块红外图像及其灰度直方图

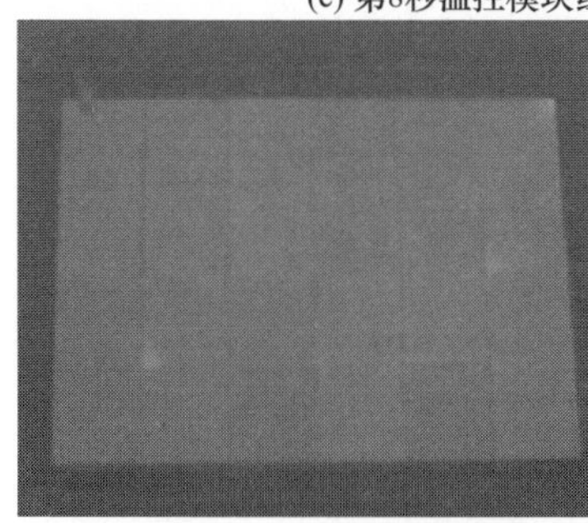
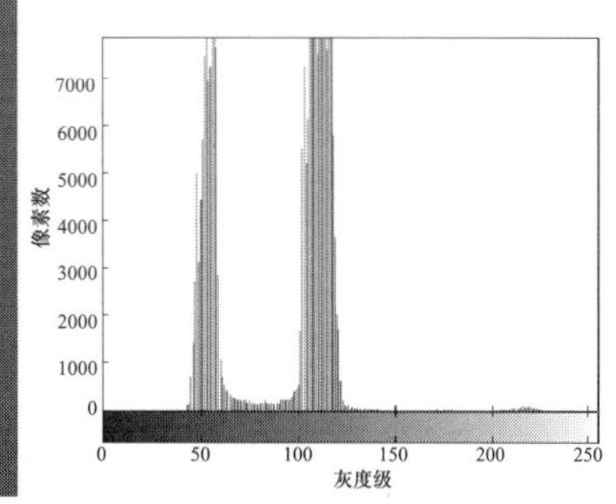

(d) 第12秒温控模块红外图像及其灰度直方图

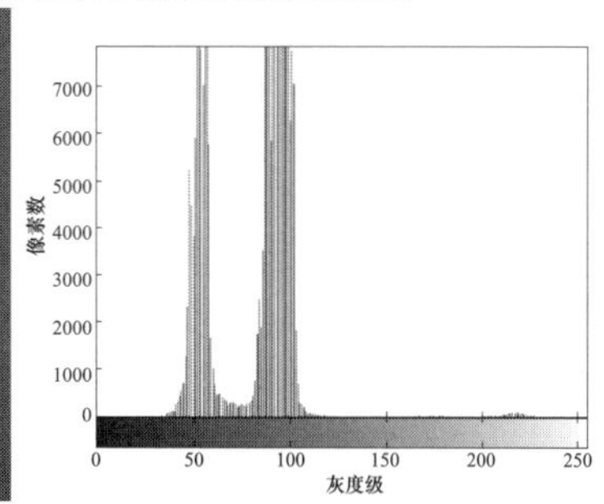

(e) 第16秒温控模块红外图像及其灰度直方图

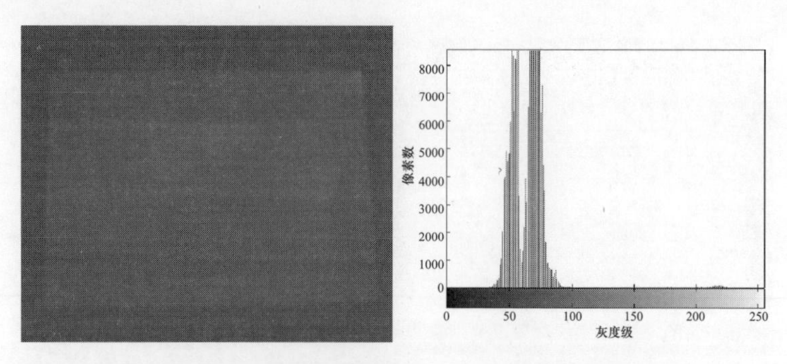

(f) 第20秒温控模块红外图像及其灰度直方图

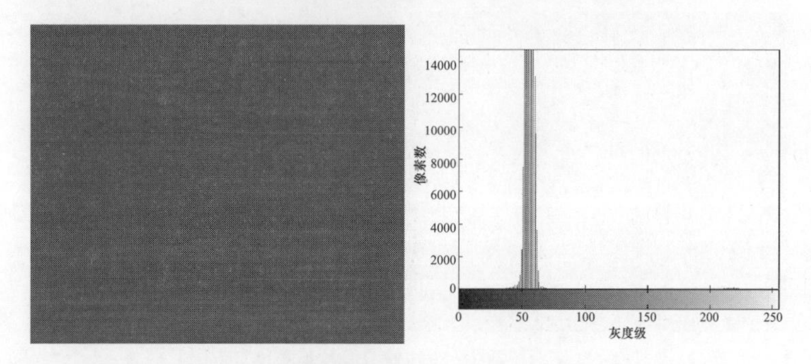

(g) 第25秒温控模块红外图像及其灰度直方图

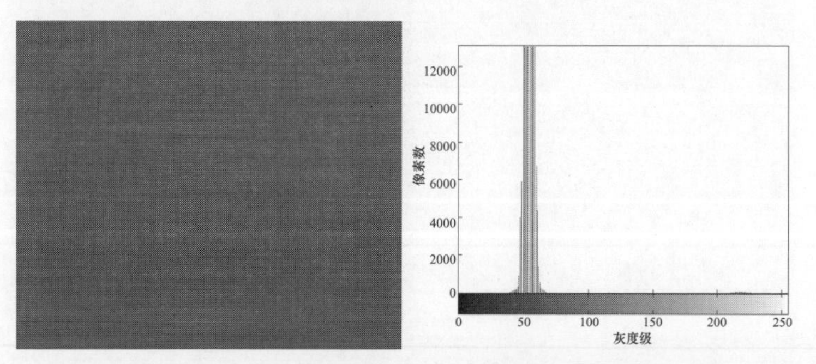

(h) 第100秒温控模块红外图像及其灰度直方图

图5.9　典型时刻样机温控模块降温跟踪背景的红外热像及其对应的灰度直方图

从图5.9和图5.10可以看出，温控模块表面辐射温度一直处于下降趋势，其降温速率约为0.64℃/s，到第25秒左右时与背景基本融合；从红外图像的统计特性也可以得到，在前25秒的红外热像中，可以通过阈值分割，明显探测、辨识目标，但是在第25秒以后，其灰度直方图只有一条狭长的峰，并且其均值和方差几乎保持恒定（表5.4），很难对样机与背景进行阈值分割，样机几乎实现与背景（地表）的完全融合，达到在极短时间内样机动态红外特征自动调控的目的。

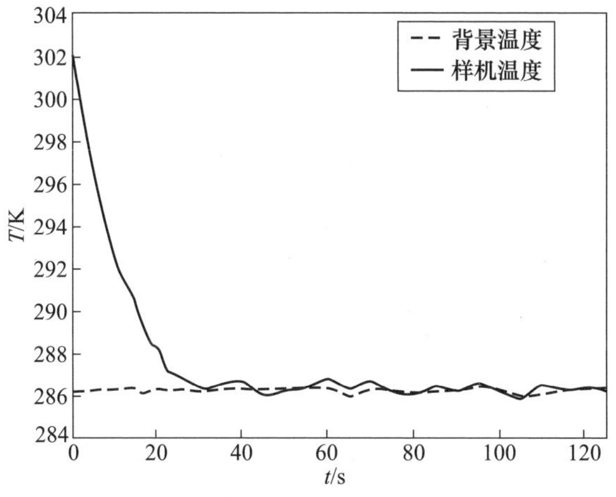

图5.10　样机降温跟踪背景温度的动态曲线图

表5.4　不同时刻灰度直方图的均值和方差

时间/s	0	4	8	12	16	20	25	100
均值 $\overline{I}$	152.322	141.676	107.130	91.951	80.809	65.773	57.557	56.158
方差 σ	70.711	62.749	39.343	29.049	22.778	16.172	14.176	14.411

5.3　目标热特征控制技术的室外长时间自动调控试验

在室外，采用FLIR ThermaCAM PM595固态自扫描热像仪，320×240元焦平面阵探测器，工作波段为7.5～13μm，视场为24°×18°，瞬时视场为1.3mrad，热灵敏度为0.1K；测试温控模块表面辐射温度跟踪背景辐射温度的性能。将该热像仪的视频输出采用图像采集卡进行采集，记录下目标与背景的红外热图像变化的视频。

温控模块自身所使用的测温设备为Optris CS红外测温仪，测温范围为－40～1030℃，测温精度为±0.1℃，光谱响应范围是8～14μm，背景分别为水泥地、草地和石砖地。

5.3.1　水泥地面背景红外特征自动调控试验

于2014年4月10日，晴，气温17℃，相对湿度50%，在9：00～12：00的3h内，以水泥地面为背景，对红外特征自动调控系统进行了长时间不间断红外特征自动调控试验。对测试红外图像进行了长时间红外图像采集。图5.11中随机截取了部分时间的红外特征调控图像。试验中未调准屏幕的显示时间，因此截图的实际时间为分图题显示时间，本章后文中图皆有此情况。

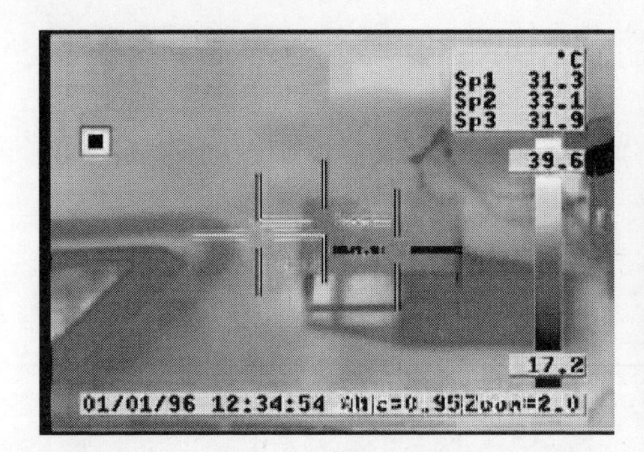

(a) 9:00:10

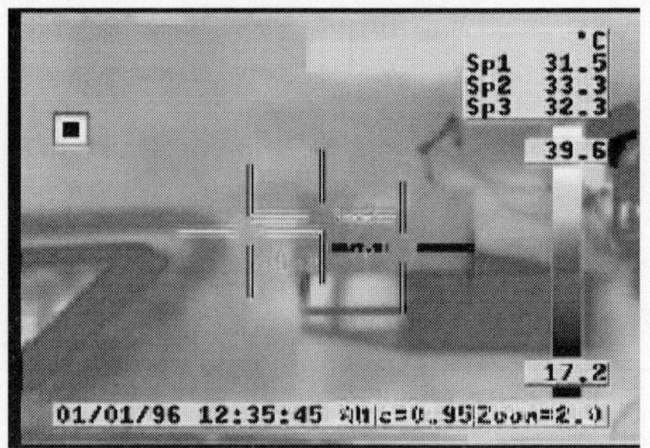

(b) 9:01:10

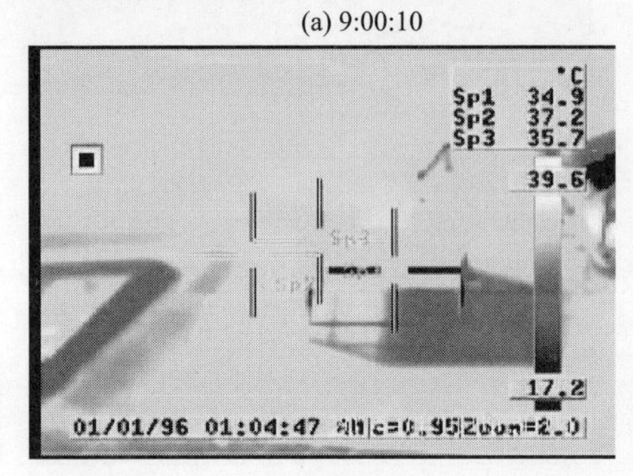

(c) 9:30:10

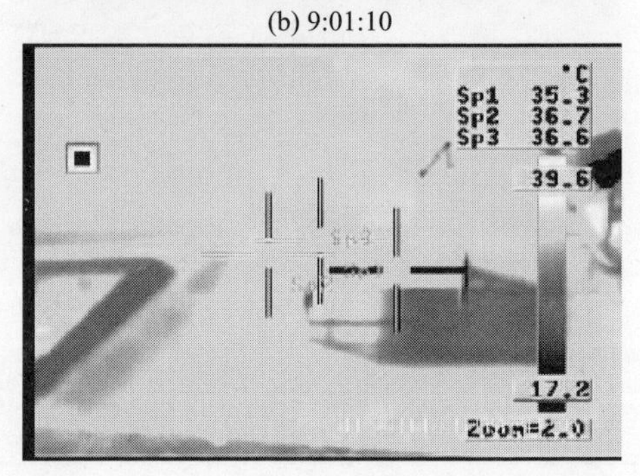

(d) 9:31:10

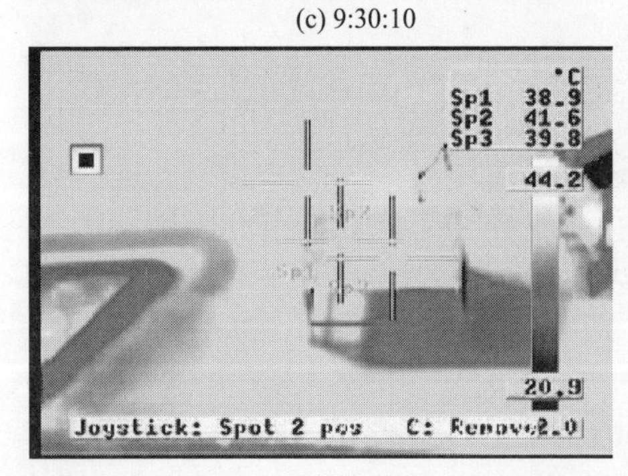

(e) 10:00:10

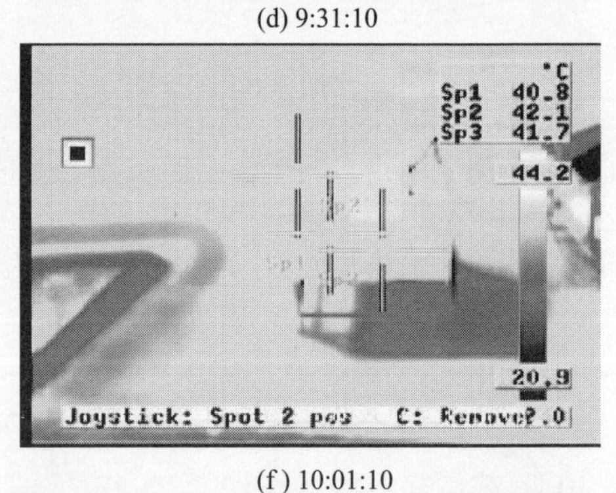

(f) 10:01:10

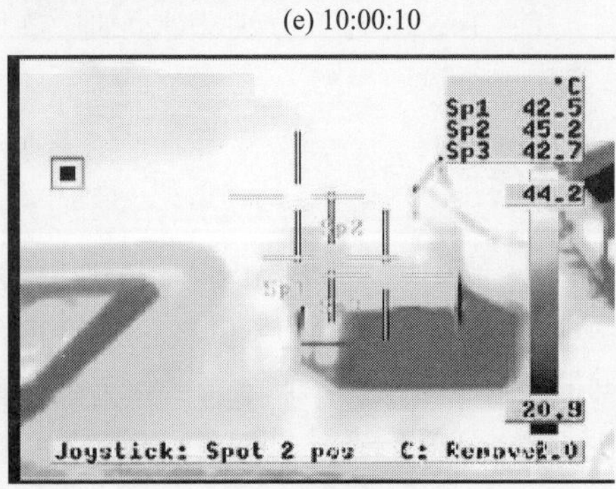

(g) 10:30:10

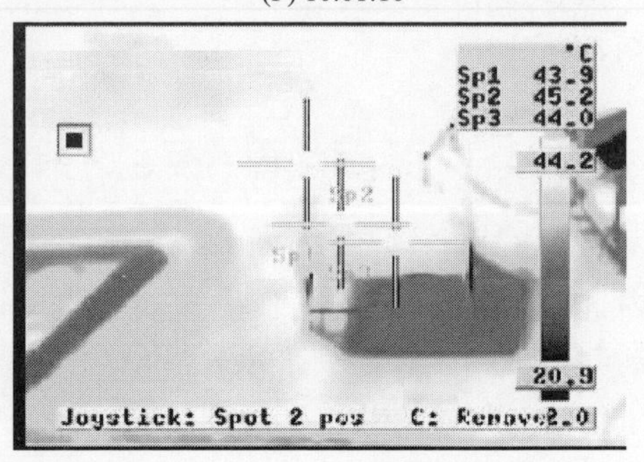

(h) 10:31:10

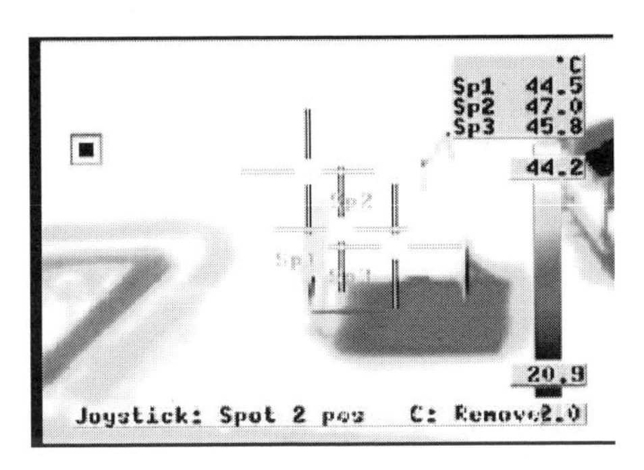

(i) 11:00:10

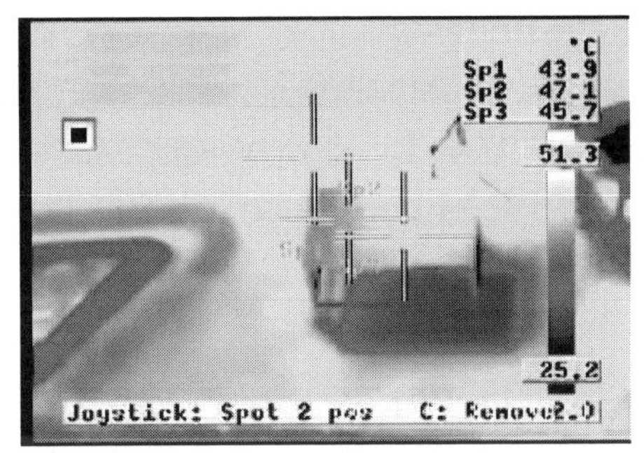

(j) 11:01:10

(k) 11:30:10

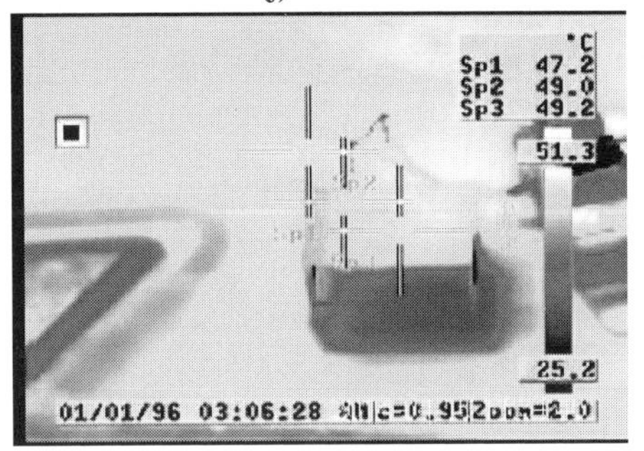

(l) 11:31:10

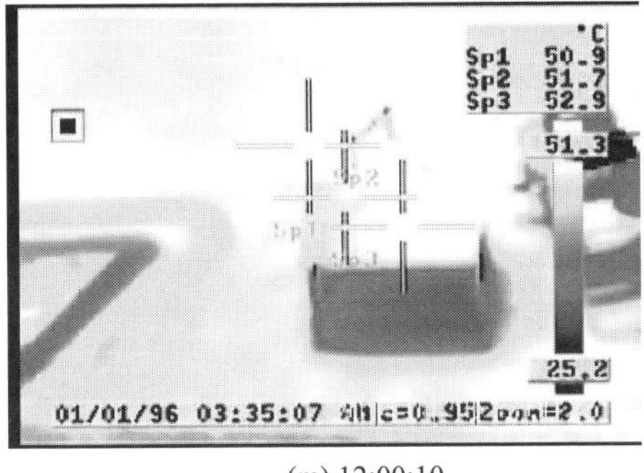

(m) 12:00:10

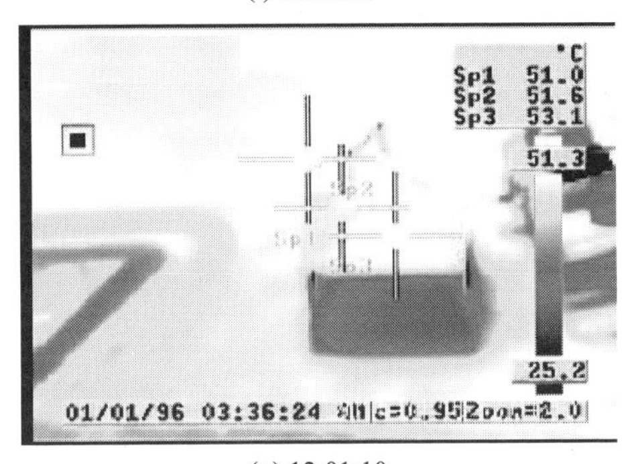

(n) 12:01:10

图 5.11　不同时刻水泥地表和温控模块红外热像

采用 FLIR ThermaCAM PM595 固态自扫描热像仪采集了不同时刻水泥地表和温控模块红外热像，如图 5.11 所示。由图 5.11 分析可知，在该测试时间内，温控模块的红外特征自动调控效果良好。在 9：00～12：00 时间段内，辐射温度与水泥地面的辐射温度跟踪误差一直保持在 2K 以内。

5.3.2　草地背景红外特征自动调控试验

于 2014 年 4 月 18 日，晴，气温 21℃，相对湿度 60%，在午间时段，以草地为背景，对温控模块进行了红外特征自动调控试验。把温控模块强行制热高于背景 7.5℃，然后让温控模块跟踪背景温度。

采用 FLIR ThermaCAM PM595 固态自扫描热像仪分别采集了在 11∶14∶00 ~ 11∶14∶32 和 11∶16∶00 ~ 11∶51∶00 两个时间段草地和温控模块的红外热像，如图 5.12 和图 5.13 所示。图中温控模块的基本色调同背景保持一致，也就是灰度级比较接近，红外热像仪难以从灰度级中分辨出目标与背景。由图 5.12 和图 5.13 分析可知，在该测试时间内，温控模块的红外特征自动调控效果良好，且其辐射温度与草地的辐射温度跟踪误差一直保持在 1K 以内。

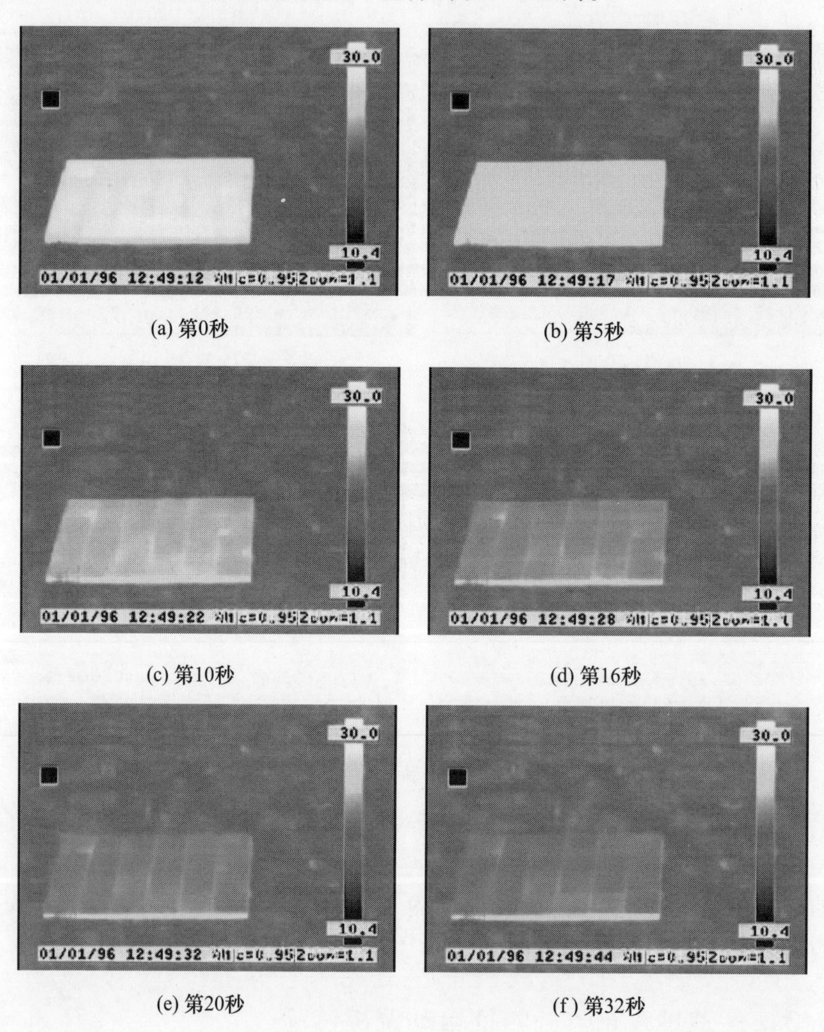

(a) 第0秒　(b) 第5秒

(c) 第10秒　(d) 第16秒

(e) 第20秒　(f) 第32秒

图 5.12　11∶14∶00 ~ 11∶14∶32 时间段不同时刻草地和温控模块红外热像

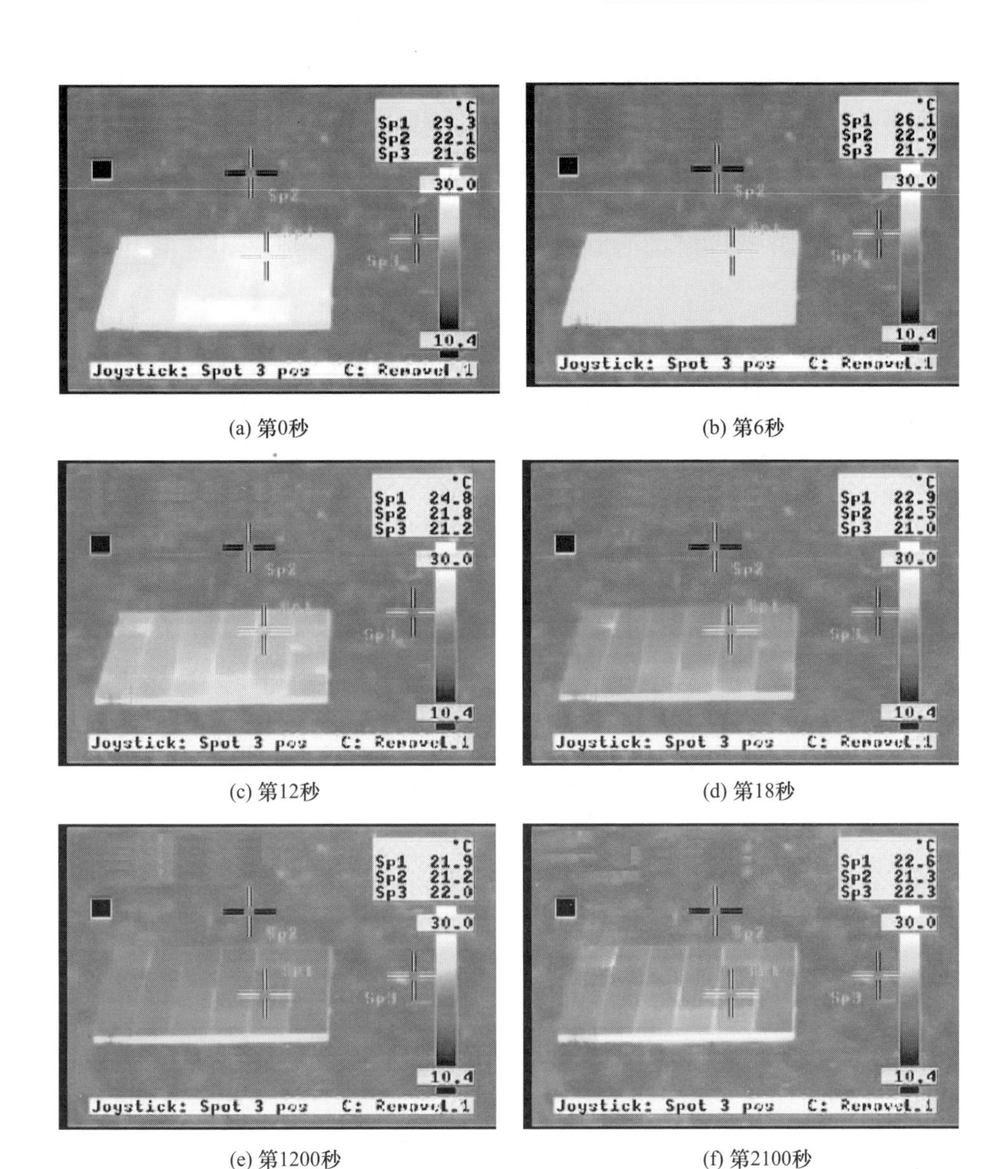

(a) 第0秒　(b) 第6秒

(c) 第12秒　(d) 第18秒

(e) 第1200秒　(f) 第2100秒

图 5.13　11：16：00 ~ 11：51：00 时间段不同时刻草地和温控模块红外热像

5.3.3　石砖地背景红外特征自动调控试验

于 2014 年 4 月 18 日，晴，气温 20℃，相对湿度 55%，在下午 15：30 左右，以石砖地为背景，对温控模块进行了红外特征自动调控试验。分别把温控模块强行制热高于背景 8K 和强行制冷低于背景 4K，然后让温控模块跟踪背景温度。

采用 FLIR ThermaCAM PM595 固态自扫描热像仪分别采集了不同情形下的石砖地和温控模块的红外热像，如图 5.14 和图 5.15 所示。由图 5.14 可知，从高温状态（28.4℃）向低温背景（20.5℃）跟踪时，用时 20s 即实现了温控模块与背景的红外融合，融合效果较好，且温度跟踪误差小于 1K；由图 5.15 可知，从低温状态（17.0℃）向高温背景（20.9℃）跟踪时，用时 6s 即实现了温控模块与背景的红外融合，温度跟踪误差也小于 1K。

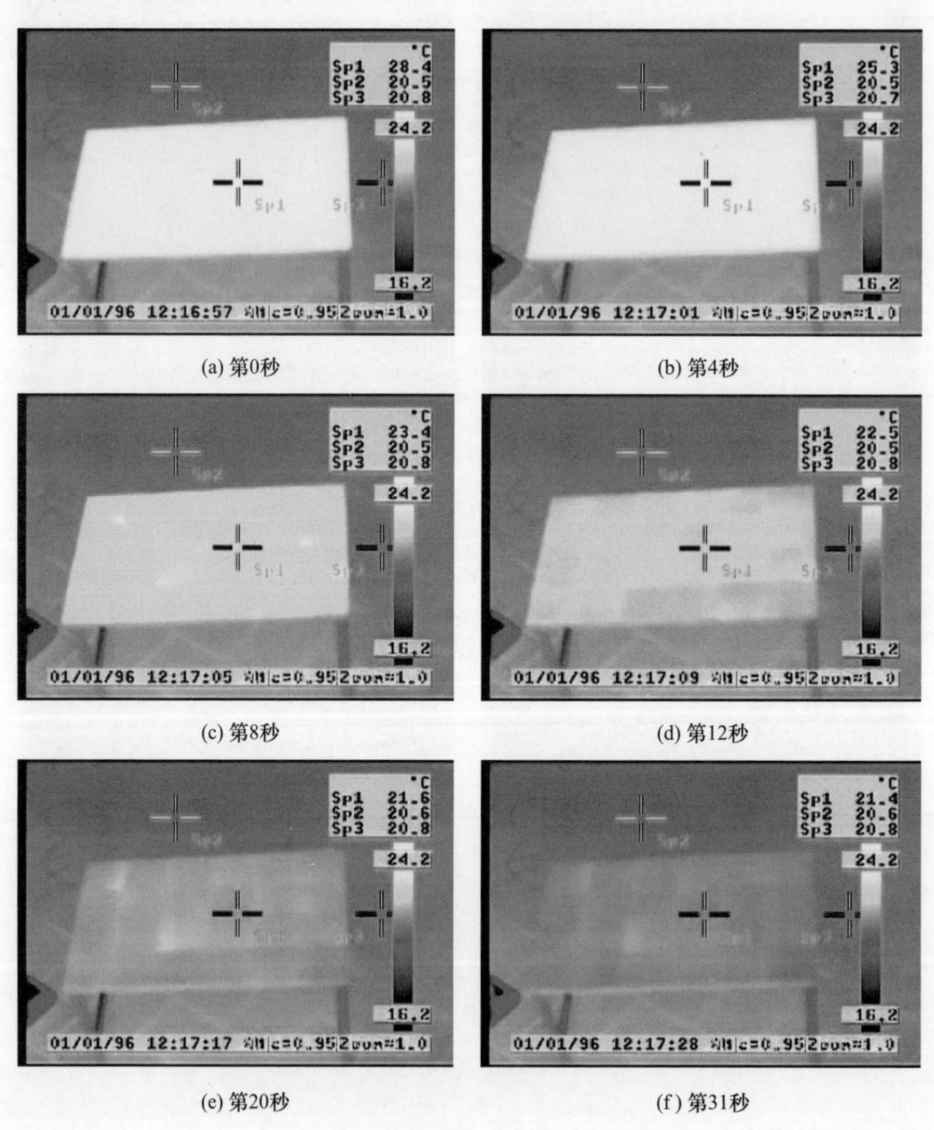

(a) 第0秒　(b) 第4秒

(c) 第8秒　(d) 第12秒

(e) 第20秒　(f) 第31秒

图 5.14　不同时刻石砖地表和温控模块降温跟踪红外热像

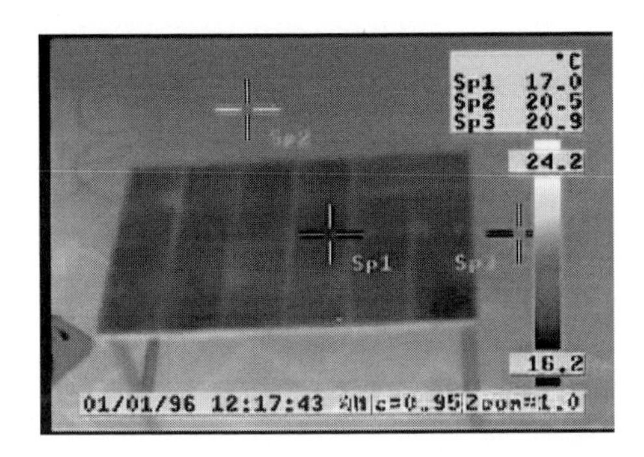

(a) 第0秒

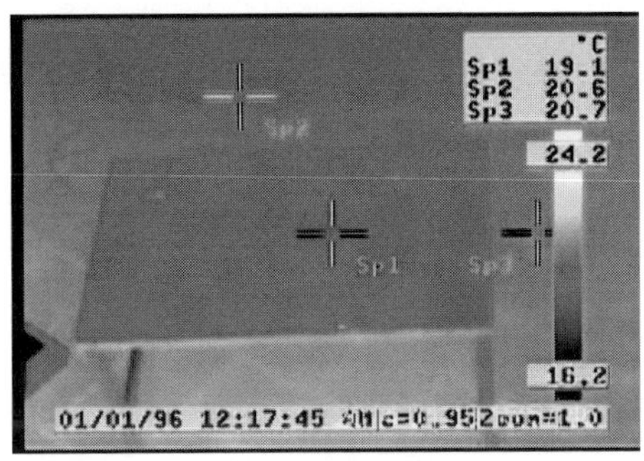

(b) 第2秒

(c) 第4秒

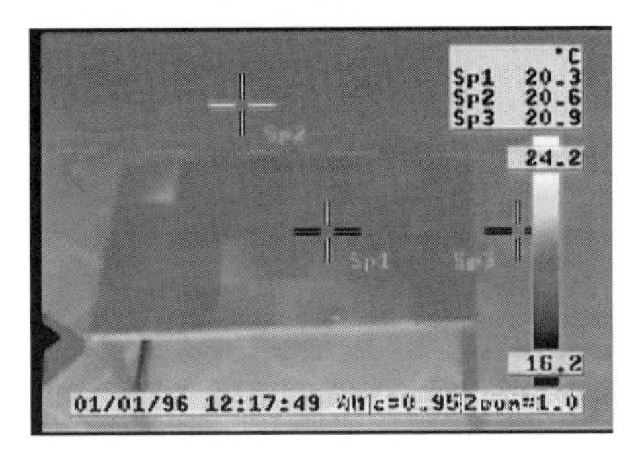

(d) 第6秒

图 5.15　不同时刻石砖地表和温控模块升温跟踪红外热像

5.3.4　极端天气情况下红外特征自动调控试验

本节为检验热特征控制技术在极端天气情况下能否实现红外特征自动调控。极端天气是指：夏天，在太阳暴晒下，草地背景相对于路面、目标等温度要低得多，强烈的阳光直射对原理样机的制冷能力提出了严峻的考验。如果在此背景下能够实现红外特征自动调控，缩小目标与背景的温差，则说明该技术有较强的环境适应能力，能够实现极端天气情况下目标红外特征自动控制。

于 2014 年 7 月 30 日，晴，最高气温为 36℃，最低气温为 27℃，东南风小于 3 级，试验时间段为 10：45 ~ 11：52，持续一个小时不间断测试。利用红外热像仪采集数据，不间断记录目标与背景的红外视频，图 5.16 为采集的目标与背景红外图像。从图像中可以看到，目标与背景初始辐射温差大于 8℃。原理样机工作后，目标与背景温差减小。图中绝大部分时间范围内，目标与背景温差小于 4℃。多数时间温差控制在 2 ~ 3℃，有少部分时间，目标与背景温差大于 4℃。分析其原因,主要是目标与温度采集出现了扰动,控制逻辑还有需要完善的地方。总的来说,夏季烈日暴晒这样的极端天气情况下,原理样机具备相应的红外辐射自动调控能力,使目标与背景温差控制在红外特征自动调控所需要的温度。

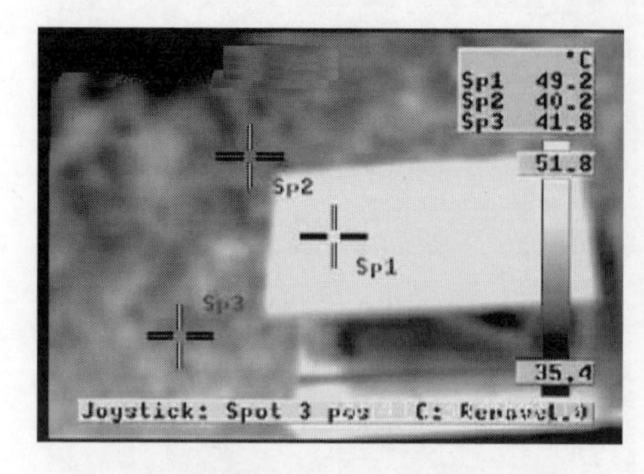

(a)未调控时，目标与背景红外特征相差明显，本图中温差约为7.4K

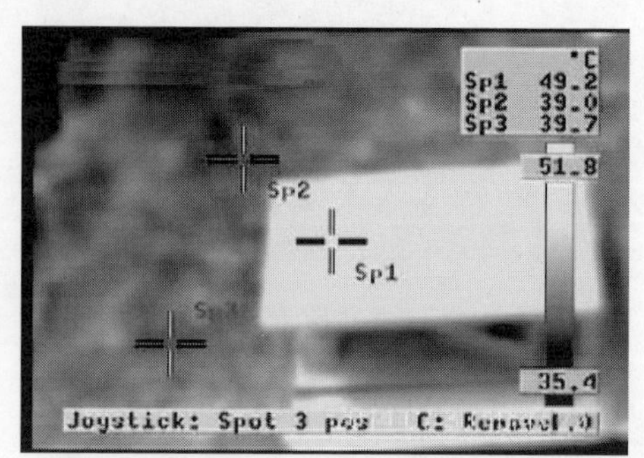

(b) 未调控时，目标与背景红外特征相差明显，温差约为9.5K

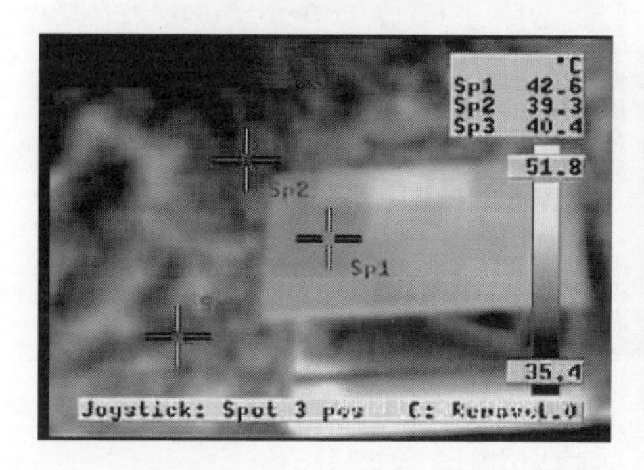

(c)调控以后，目标与背景红外对比度降低，温差约为2.2K

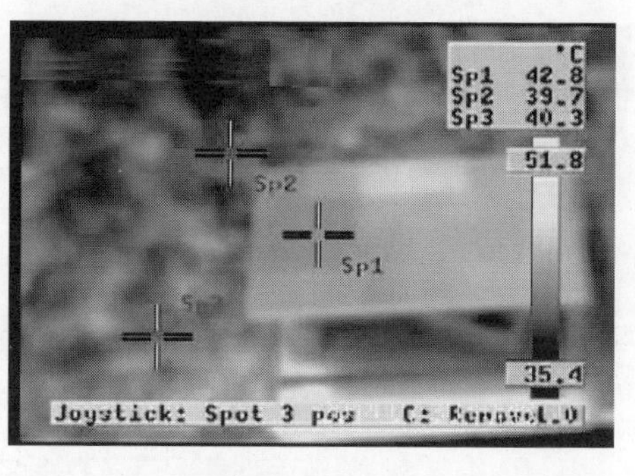

(d) 调控以后，目标与背景红外对比度降低，温差约为2.5K

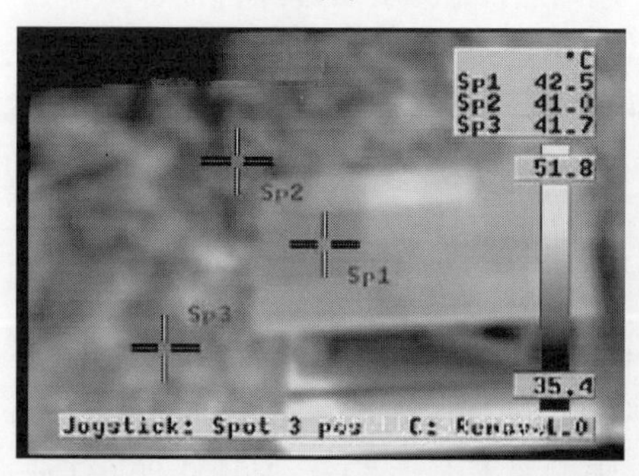

(e)持续调控中，目标与背景红外对比度较低，动态变化，温差的为1.5K

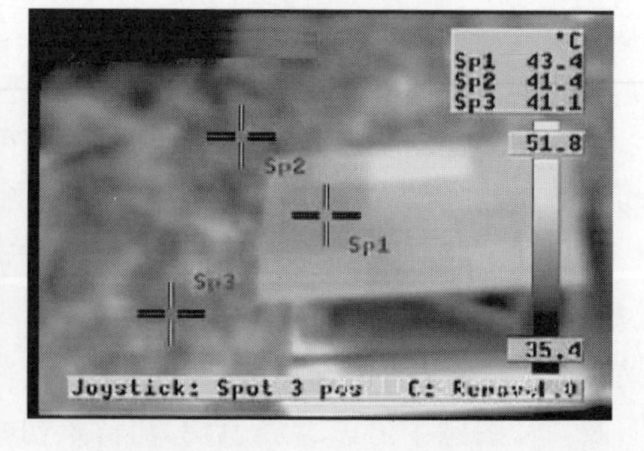

(f) 持续调控中，目标与背景红外对比度较低，动态变化，温差约为2K

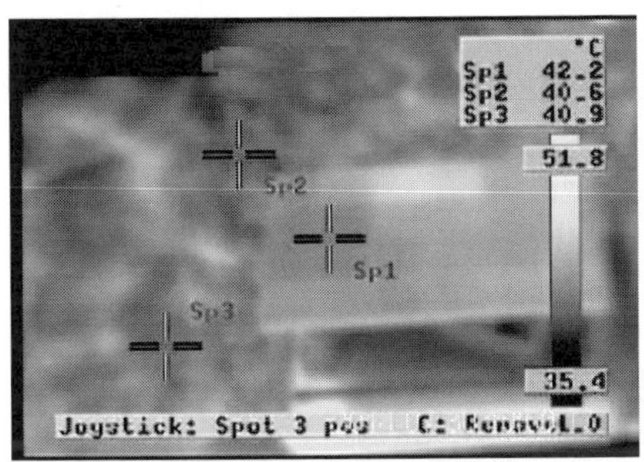

(g) 持续调控中，目标与背景红外对比度较低，动态变化，温差约为1.5K

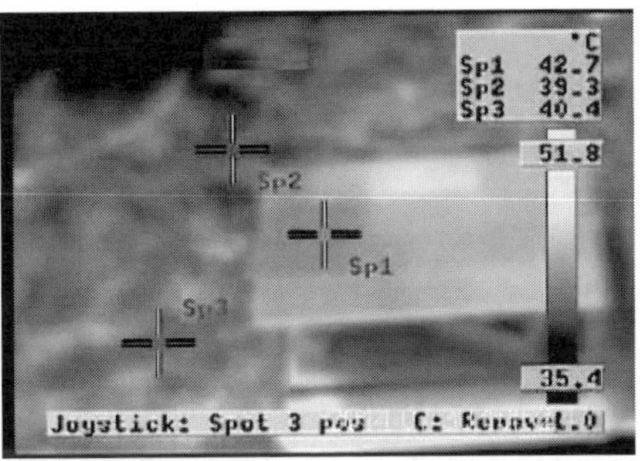

(h) 持续调控中，目标与背景红外对比度较低，动态变化，温差约为2K

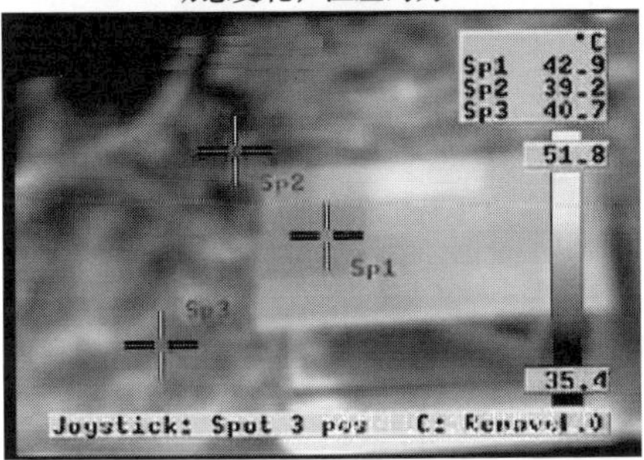

(i) 持续调控中，目标与背景红外对比度较低，动态变化，温差约为3.7K

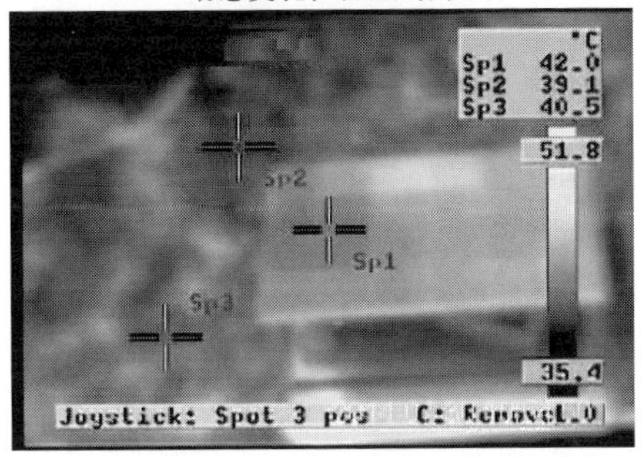

(j) 持续调控中，目标与背景红外对比度较低，动态变化，温差约为2.9K

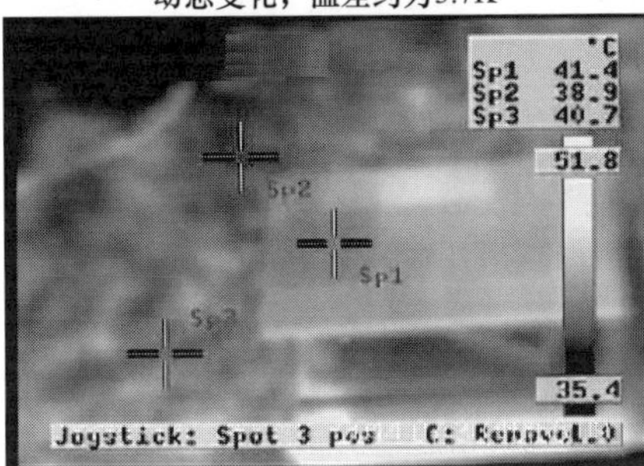

(k) 持续调控中，目标与背景红外对比度较低，动态变化，温差约为1.5K

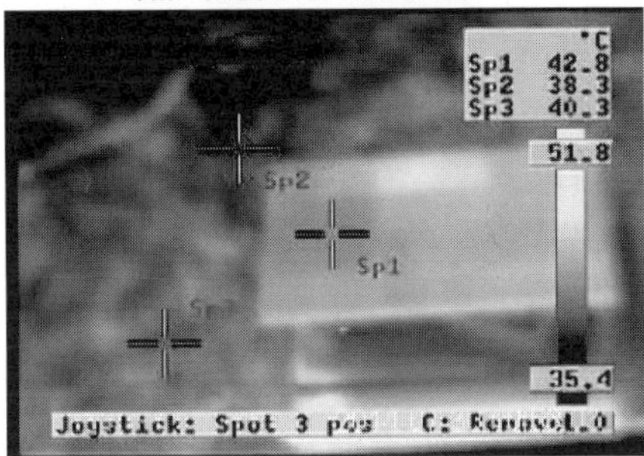

(l)持续调控中，目标与背景红外对比度较低，动态变化，温差约为 2.5K

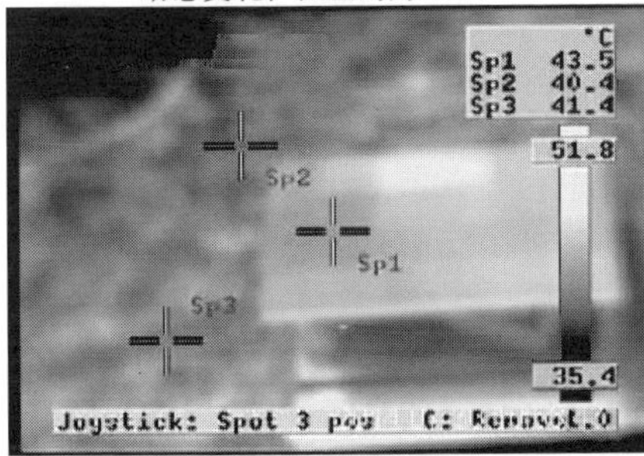

(m) 持续调控中，目标与背景红外对比度低，动态变化，温差约为 2.1K

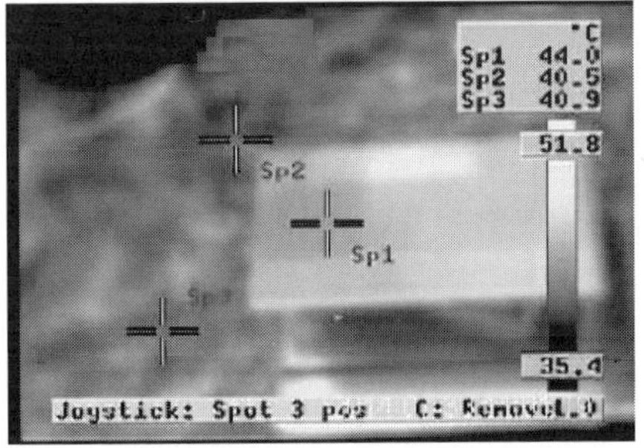

(n) 持续调控中，目标与背景红外对比度较低，动态变化，温差约为3.5K

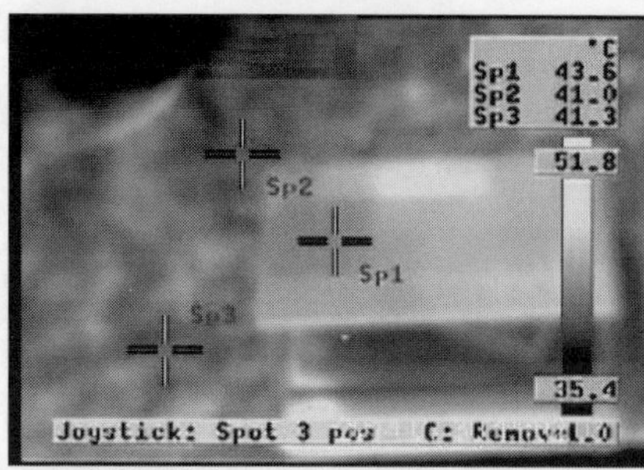

(o) 持续调控中，目标与背景红外对比度较低，动态变化，温差约为2.3K

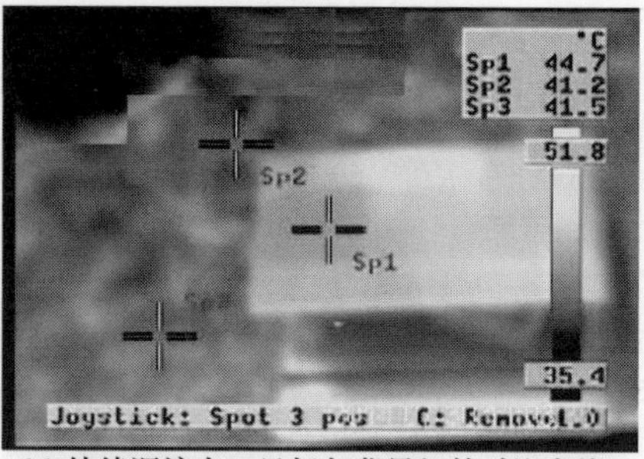

(p) 持续调控中，目标与背景红外对比度较低，动态变化，温差约为3.2K

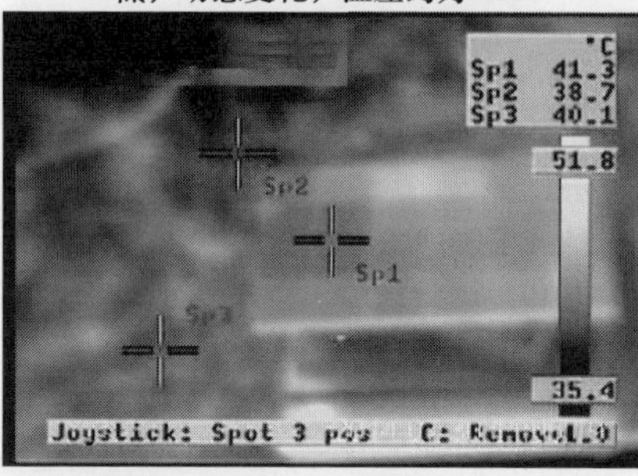

(q) 持续调控中，目标与背景红外对比度较低，动态变化，温差约为1.2K

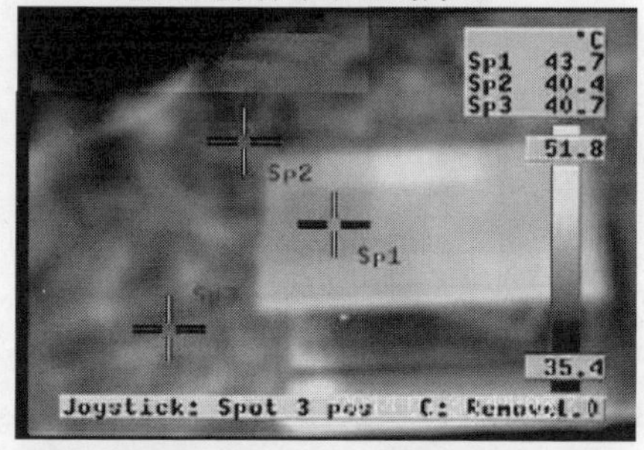

(r) 持续调控中，目标与背景红外对比度较低，动态变化，温差约为 3K

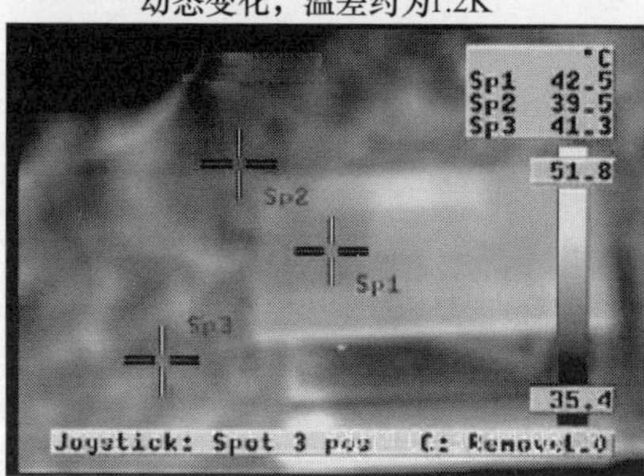

(s) 持续调控中，目标与背景红外对比度较低，动态变化，温差约为1.2K

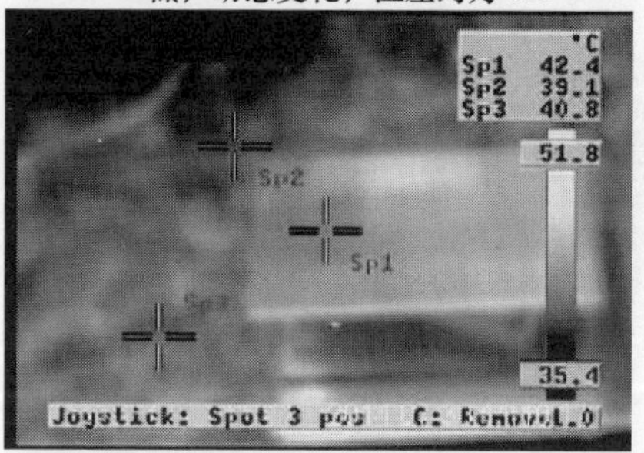

(t) 持续调控中，目标与背景红外对比度较低，动态变化，温差约为1.6K

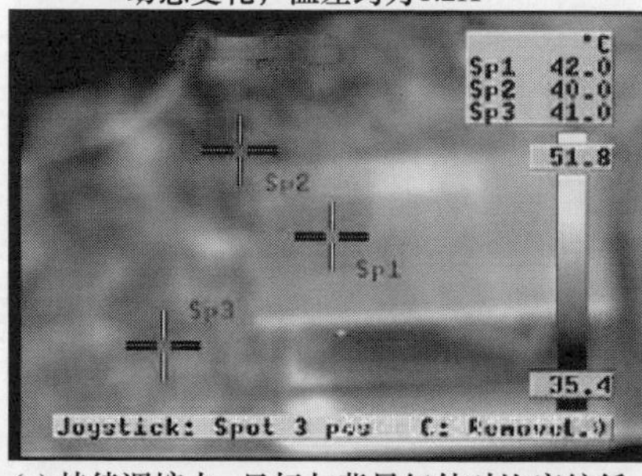

(u) 持续调控中，目标与背景红外对比度较低，动态变化，温差约为1K

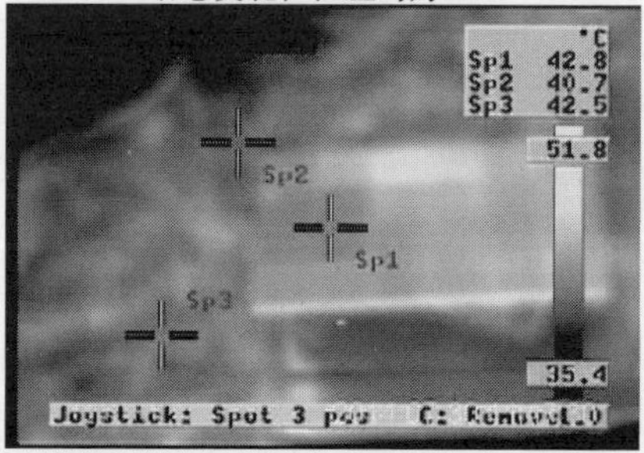

(v) 持续调控中，目标与背景红外对比度较低，动态变化，温差约为0.3K

图 5.16　夏季烈日下草地背景的红外特征自动调控试验

5.3.5　目标行进中的红外特征自动调控试验

2014 年 8 月 4 日，多云，最高气温为 36℃，最低气温为 27℃，东南风小于 3 级，试验时间段为 20：10～21：00。通过牵引的方式使目标移动，在温度较高的路面上铺上一条毯子，形成相对较低的背景环境，当目标移动在毯子和路面上时，根据背景的温度变化调整目标的温度适应背景。利用红外热像仪采集数据，不间断记录目标与背景的红外视频，图 5.17 为采集的目标与背景红外视频的截图。从试验视频中可以看到。当目标移动到不同温度的背景上时，目标可以调整自身的温度，向背景温度靠拢，与背景融为一体，实现红外特征自动调控。

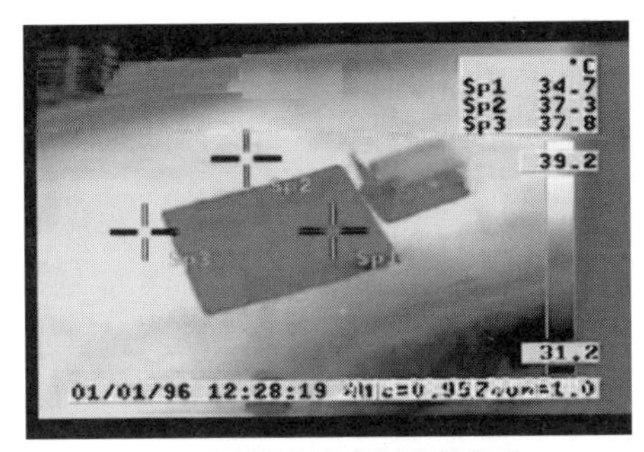

(a) 高温目标向低温背景移动

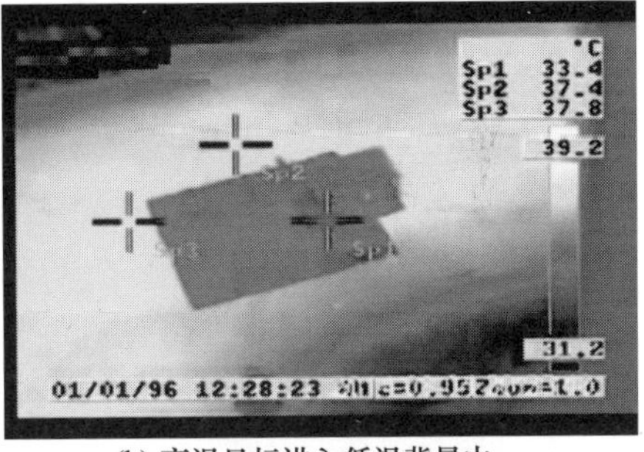

(b) 高温目标进入低温背景中，
目标红外特征开始自动调控

(c) 高温目标红外特征接近低温背景红外特征

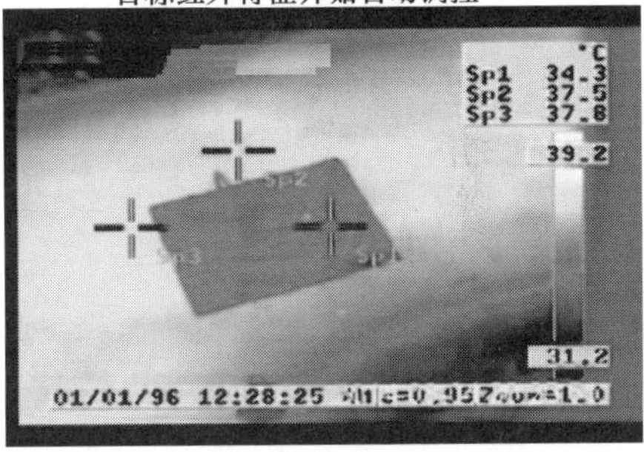

(d) 高温目标调整自身红外辐射与背景融为一体

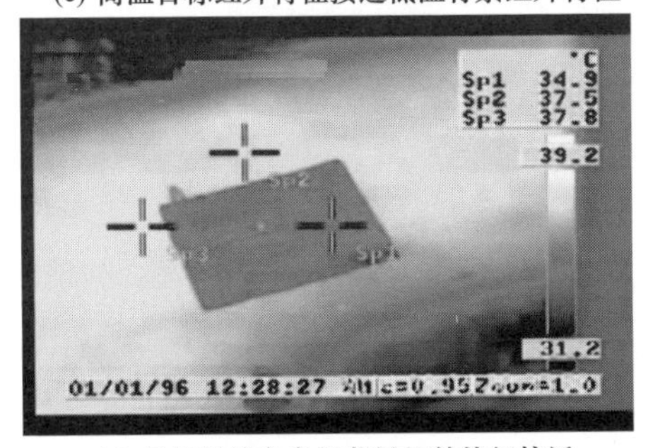

(e) 目标保持自身与背景红外特征接近

(f) 目标开始驶出低温背景

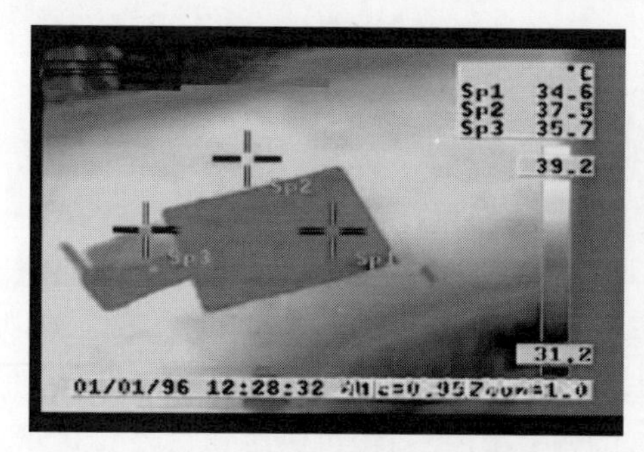

(g) 目标开始调控自身特征与高温背景接近

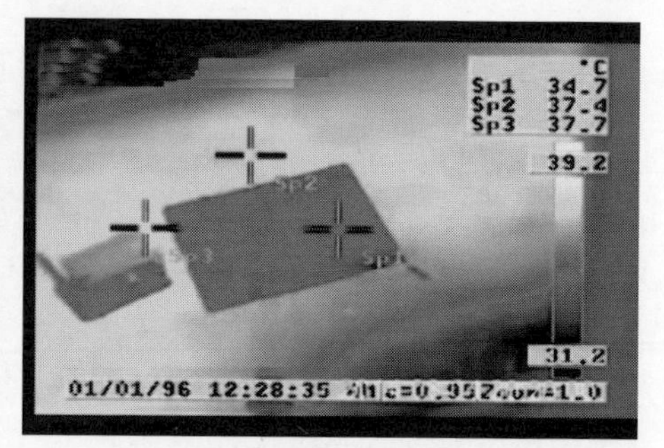

(h) 调控后的目标接近高温背景红外特征

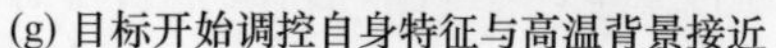

图 5.17　目标行进中红外特征自动调控试验

5.3.6　有内热源目标的红外特征自动调控试验

于 2014 年 5 月 27 日，将原理样机加工成一定形状，以实现根据具体目标形状实现红外特征自动调控，本试验中温控模块加工成拱形结构。图 5.18 中为有一定内热源的目标，用于检验红外特征自动调控能力，试验在室内进行。圆筒状模拟目标，有内热源，可以进行加热。利用红外热像仪采集数据，不间断记录试验情况，得到目标与背景的红外视频。

将模拟目标加热到一定温度，进行红外特征自动调控试验，不断外加激励的方式，使温控模块温度高于或者低于背景温度，观察红外特征控制情况。

图 5.18　有内热源目标红外特征自动调控试验的基本试验装置

图 5.19 为所采集试验视频的截图。

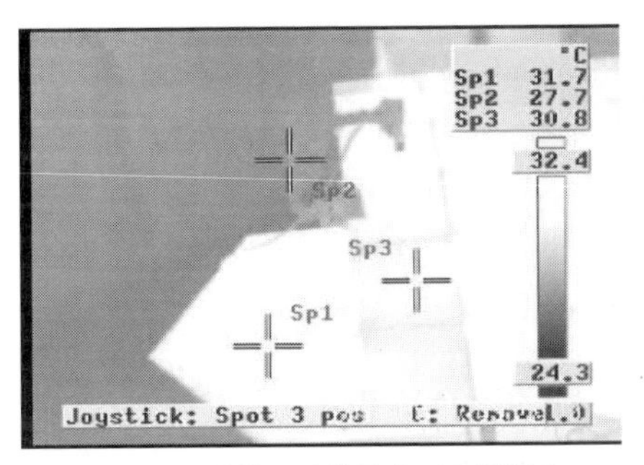

(a) 调控前温控模块高于背景温度

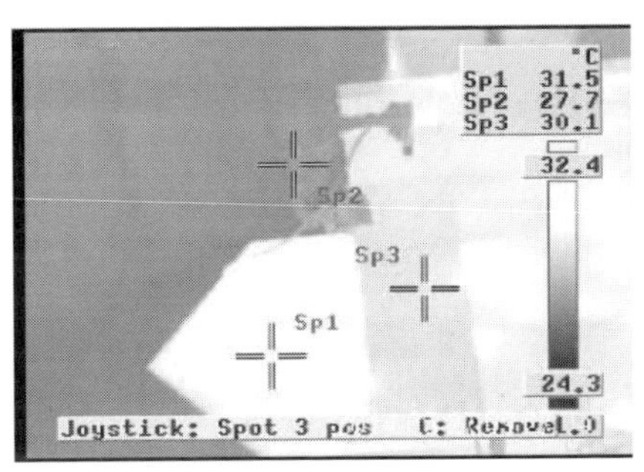

(b) 温控模块开始降低自身温度

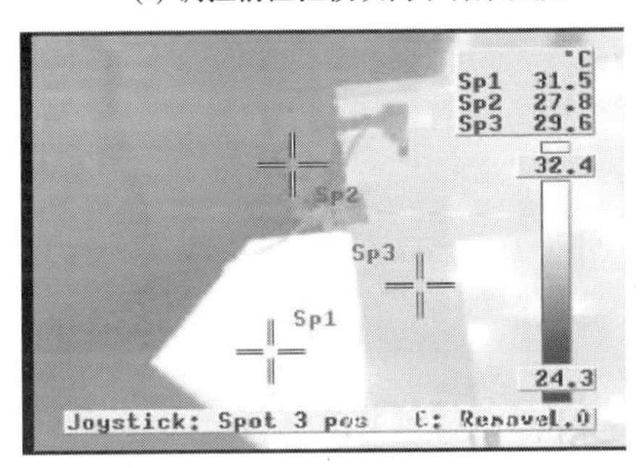

(c)温控模块持续调控自身温度

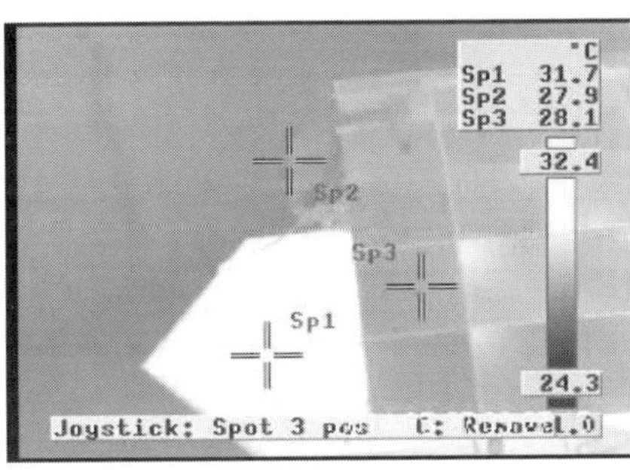

(d) 温控模块温度与背景温度接近

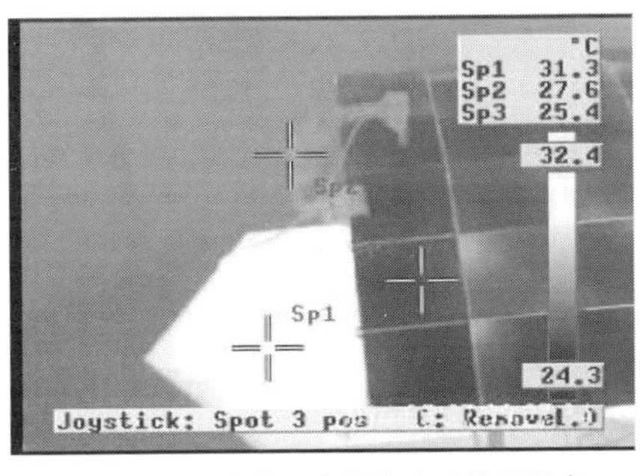

(e) 调控前温控模块高于背景温度

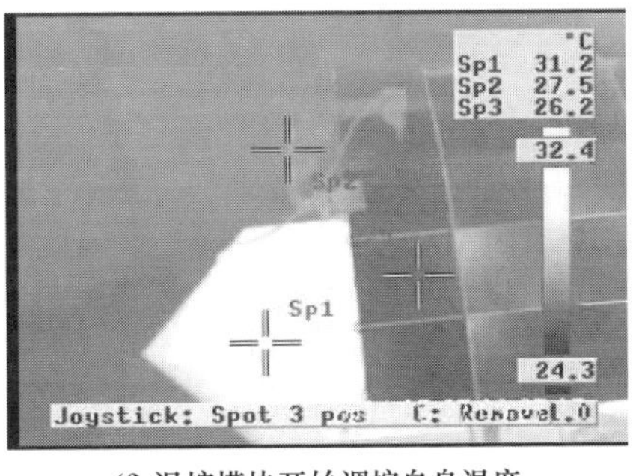

(f) 温控模块开始调控自身温度

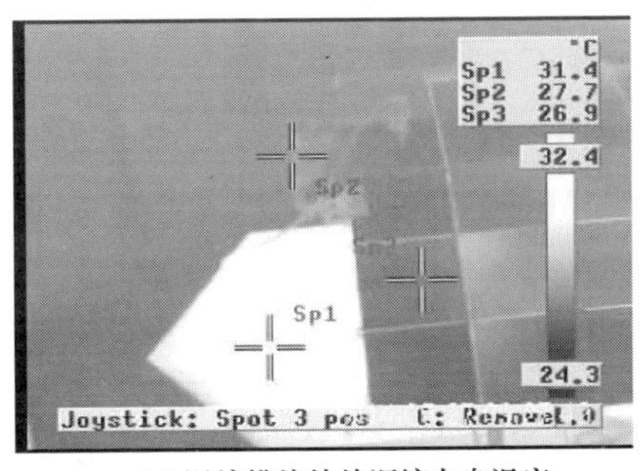

(g) 温控模块持续调控自身温度

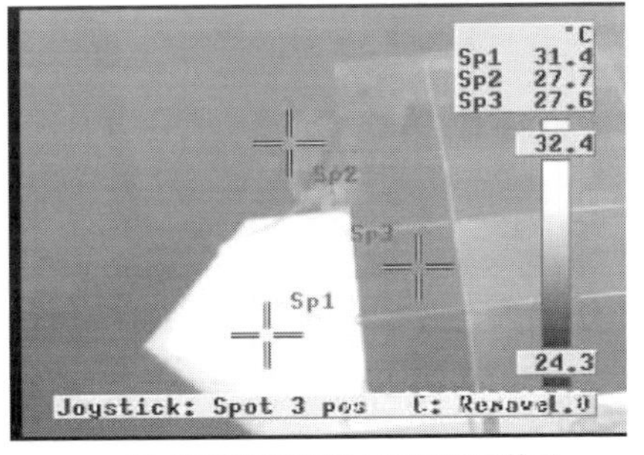

(h) 温控模块温度与背景温度接近

图 5.19　有内热源目标的红外特征自动调控试验

5.3.7 初冬天气红外特征自动调控试验

为检验本技术在初冬季节情况下能否实现红外特征自动调控，于 2014 年 11 月 7 日进行试验，上午多云，午后阴天，晚上转小雨，当日最高温度是 17℃，最低温度 10℃，试验时间段为 10：55～15：25。使用红外热像仪对试验过程进行红外成像，全程红外视频记录试验效果。

1. 降温跟踪试验

使原理样机工作在升温模式，目标温度高于背景，首先降温，使温控模块温度自动跟踪背景温度，观察红外特征自动调控能力。所得试验视频截图如图 5.20 所示。

从图 5.20 中可以看出，目标初始温度较高，原理样机开始工作后，目标温度迅速降低，使目标温度接近背景温度，融合于背景之中。

2. 升温跟踪试验

使原理样机工作在升温模式，目标温度高于背景，首先升温，使温控模块温度自动跟踪背景温度，观察红外特征自动调控能力。所得试验视频截图如图 5.21 所示。

由图 5.21 可以看出，目标初始温度低于背景约 10℃，温控模块工作后，目标表面温度迅速升高，逐渐与背景融为一体，融合于背景之中。

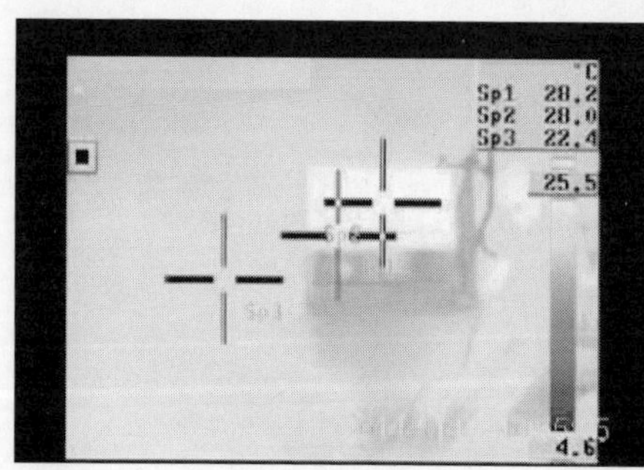

(a) 目标初始温度较高

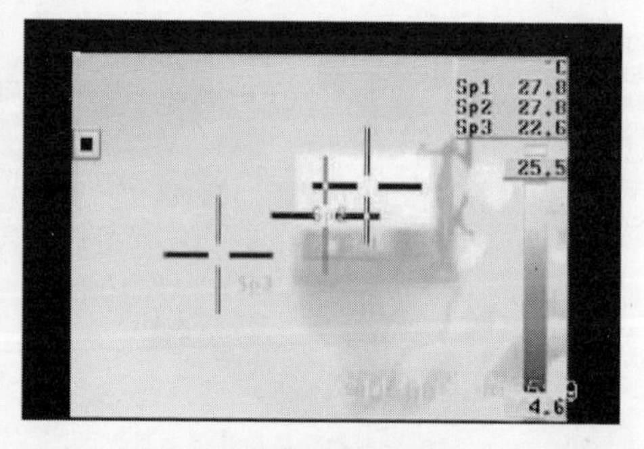

(b) 目标开始调控自身温度

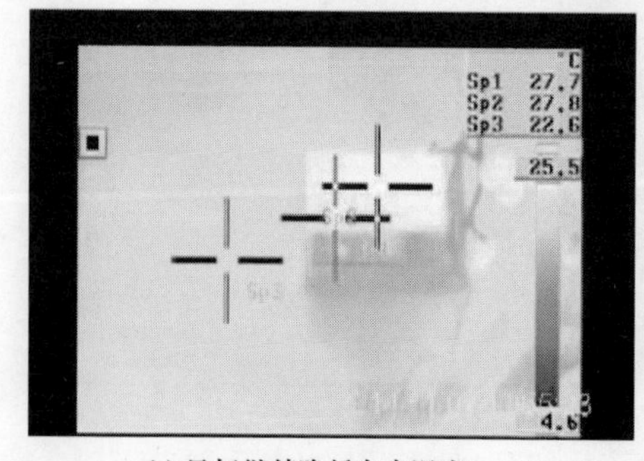

(c) 目标继续降低自身温度

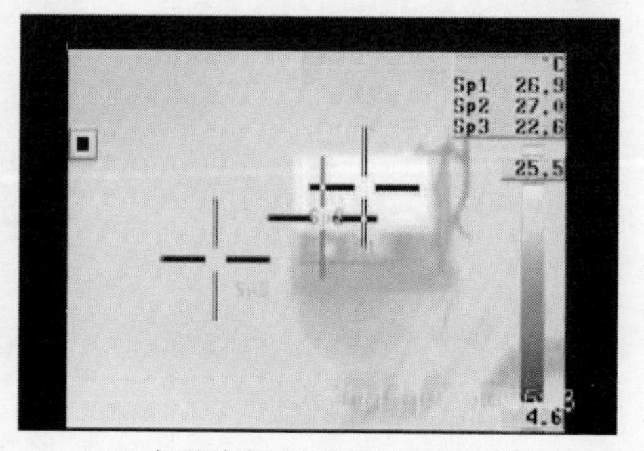

(d) 目标继续降低自身温度中间过程

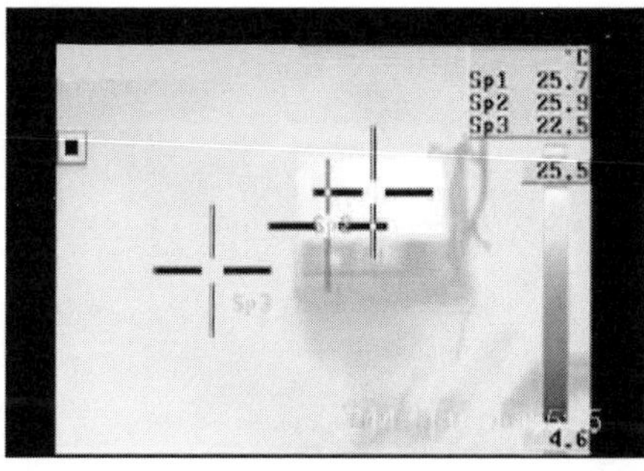

(e) 目标继续降低自身温度中间过程

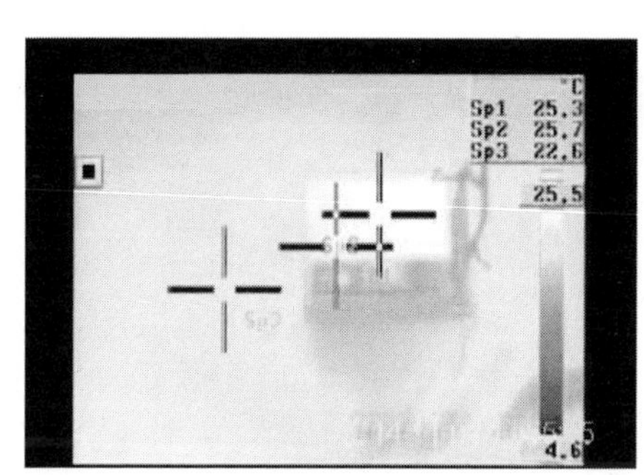

(f) 目标继续降低自身温度中间过程

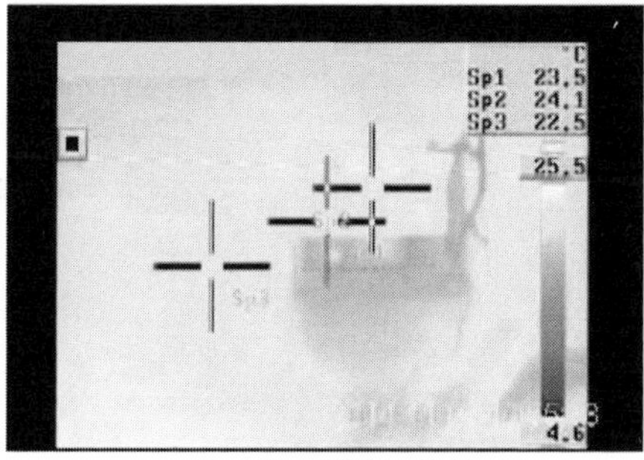

(g) 目标温度开始接近背景温度

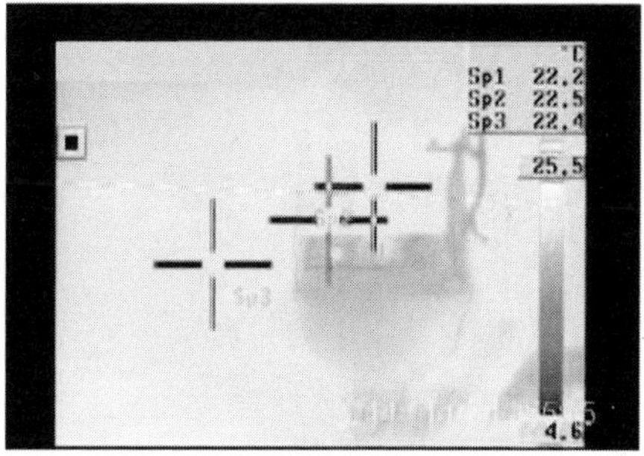

(h) 目标与背景红外特征融为一体

图 5.20　初冬时节目标温度从高到低红外特征自动调控效果

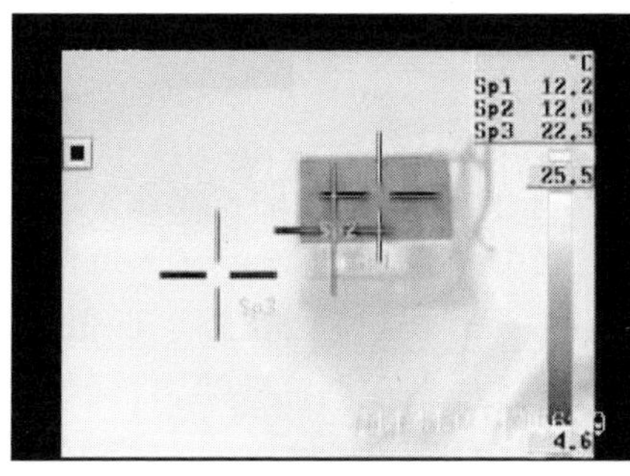

(a) 目标初始温度低于背景温度

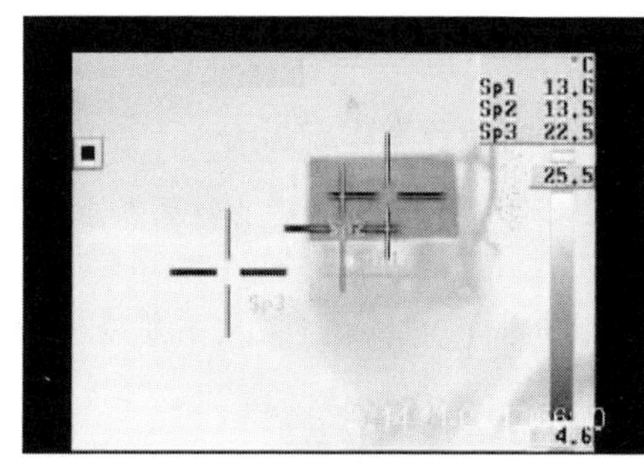

(b) 目标开始调控自身温度

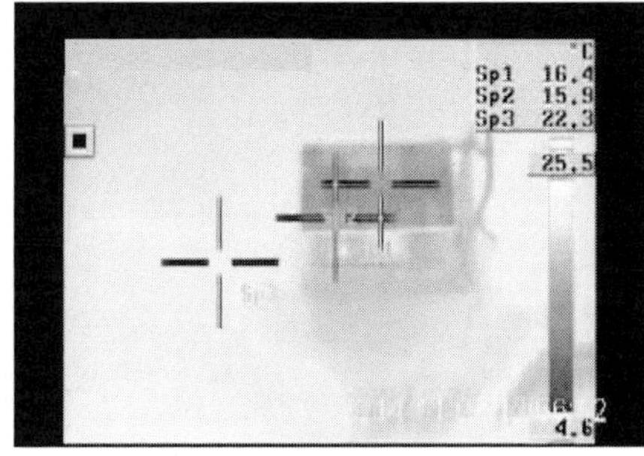

(c) 目标升温中间过程

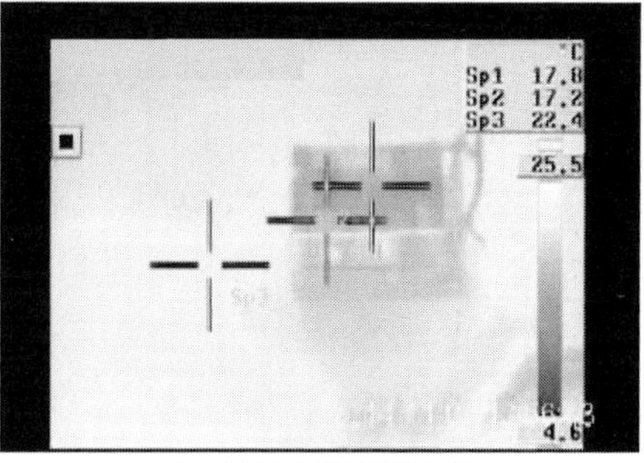

(d) 目标升温中间过程

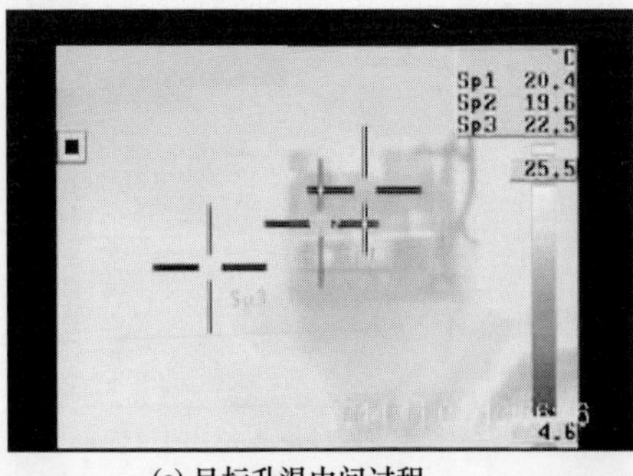

(e) 目标升温中间过程

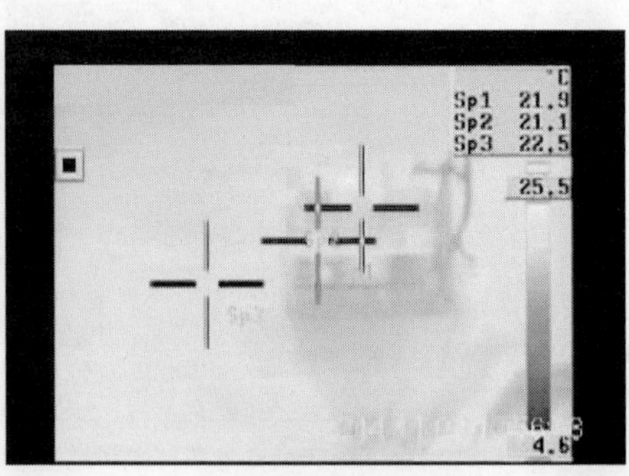

(f) 目标升温中间过程

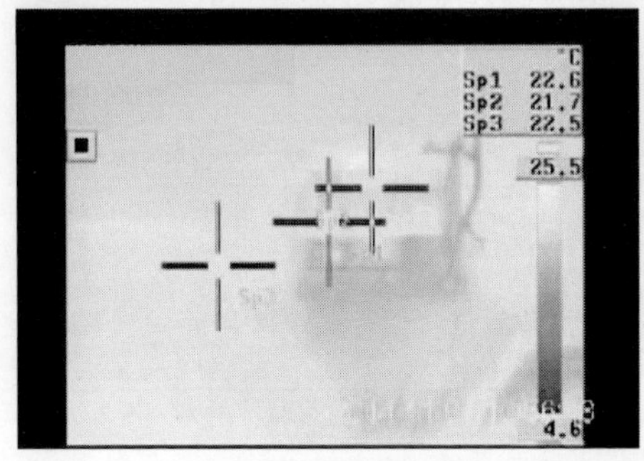

(g) 目标温度开始接近背景温度

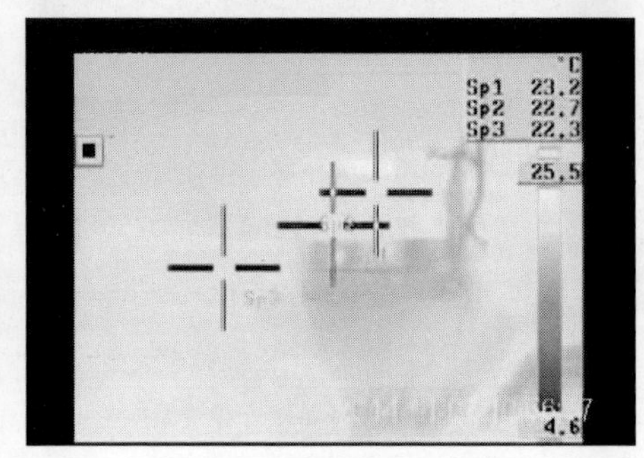

(h) 目标与背景红外特征融为一体

图 5. 21　初冬时节目标温度从低到高红外特征自动调控效果

3. 长时间稳态跟踪试验

使原理样机工作在红外特征自动调控模式,长时间观察自动控制效果。试验持续约 4h30min,对所得试验视频截图,截图结果如图 5. 22 所示。截图时刻依次为:11 : 05,11 : 35,12 : 05,12 : 35,13 : 05,13 : 35,14 : 05,14 : 35,15 : 05,15 : 25。从图 5. 22中可以看出,长时间保持了较好的红外特征自动调控效果,目标与背景温差一直保持在 2℃以内。

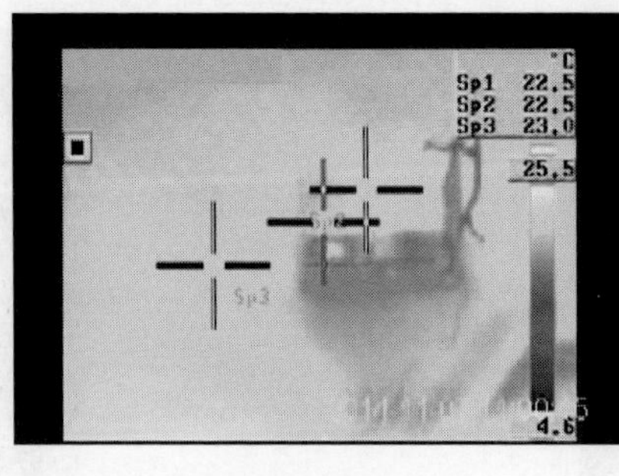

(a) 11:05

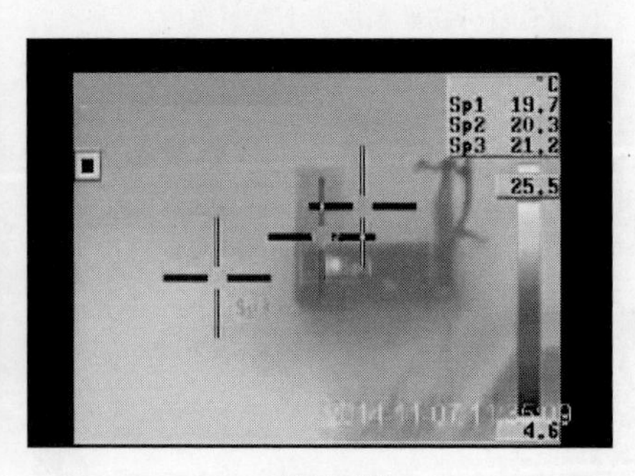

(b) 11:35

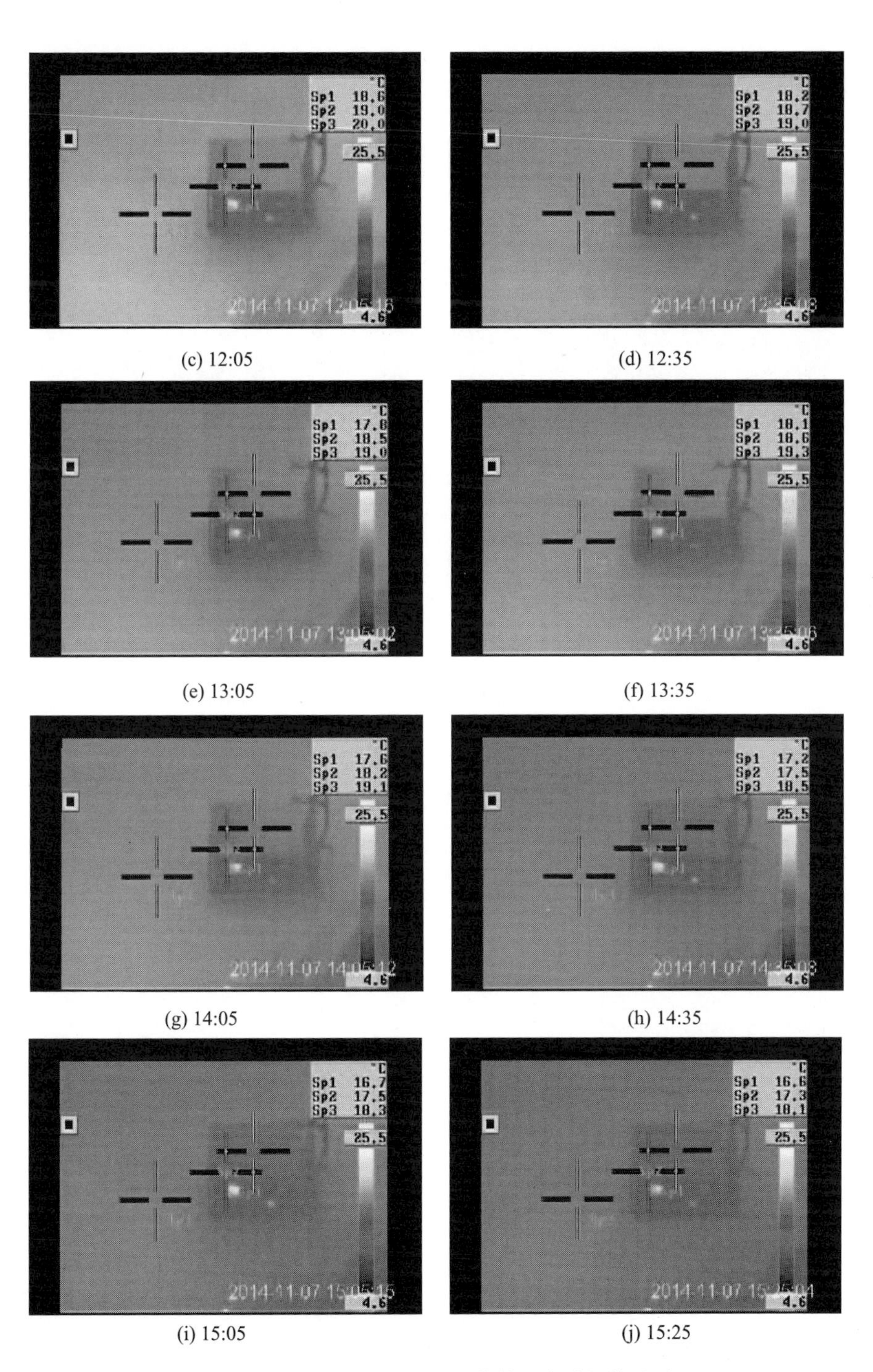

(c) 12:05　(d) 12:35

(e) 13:05　(f) 13:35

(g) 14:05　(h) 14:35

(i) 15:05　(j) 15:25

图 5.22　初冬室外长时间红外特征自动调控试验

5.3.8 温控模块红外变形效果测试与分析

在室内,测试原理样机温控模块的半导体阵列各辐射元随机变化(红外变形)的效果。环境气温 13℃,相对湿度 40%,测试距离为 2m,测试结果如图 5.23 ~ 图 5.25所示。

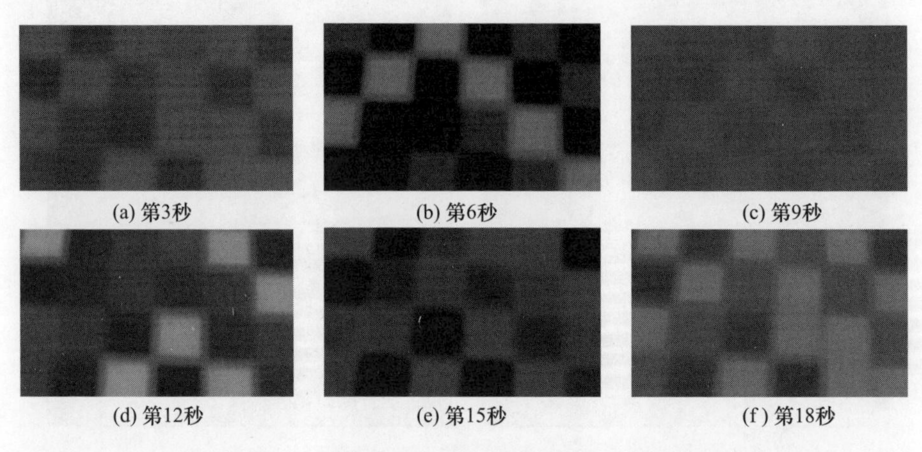

(a) 第3秒 (b) 第6秒 (c) 第9秒
(d) 第12秒 (e) 第15秒 (f) 第18秒

图 5.23 第 3 ~ 18 秒样机的温控模块阵列元温度随机变化的红外图像

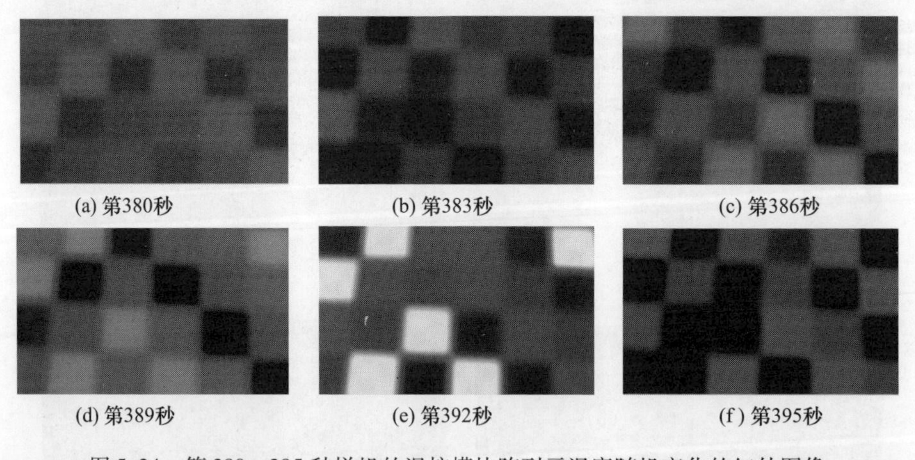

(a) 第380秒 (b) 第383秒 (c) 第386秒
(d) 第389秒 (e) 第392秒 (f) 第395秒

图 5.24 第 380 ~ 395 秒样机的温控模块阵列元温度随机变化的红外图像

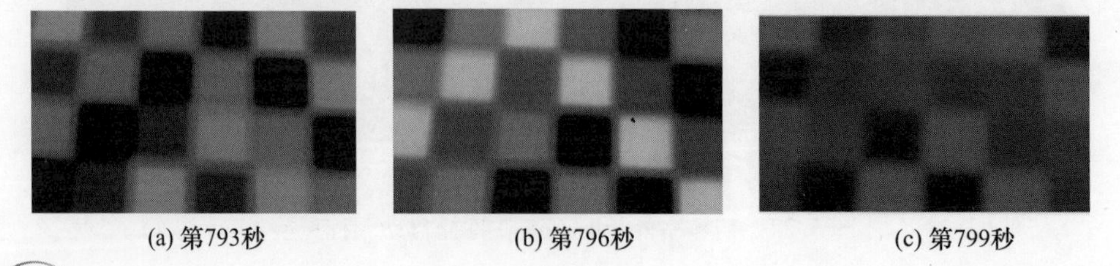

(a) 第793秒 (b) 第796秒 (c) 第799秒

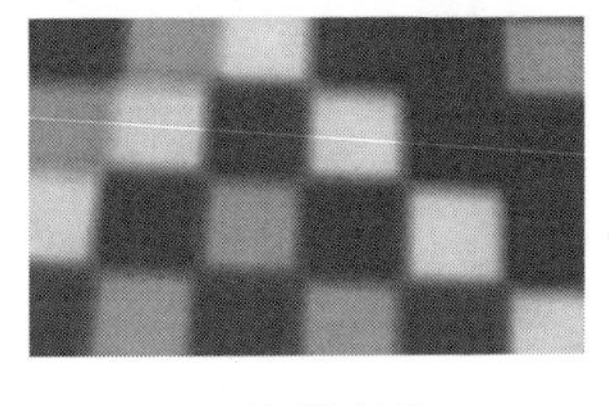

(d) 第802秒

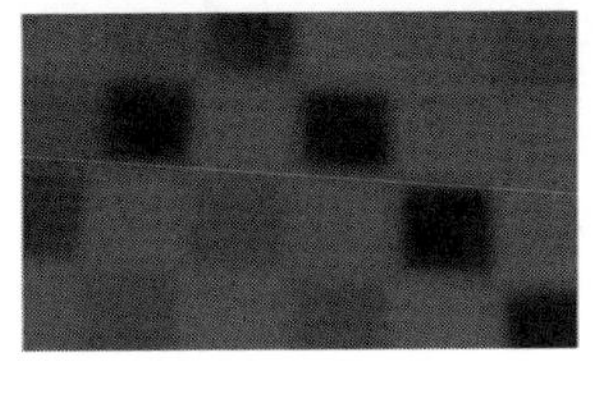

(e) 第805秒

(f) 第808秒

图 5.25　第 793 ~ 808 秒样机的温控模块阵列元温度随机变化的红外图像

可以看出，样机启动后温控模块表面的阵列元红外特征处于无规则动态变化中，且变化的速率较快。但是由于原理样机上的 24 块阵列元分成 4 组，每组 6 块，这种结构的随机性还不够，导致红外图像的相关性降得不够低，若对每块阵列元都单独进行控制和加强每块阵列元形状的随机性，红外特征动态变形的效果将会更加明显。

5.4　试验情况总结

依据本章试验结果，结合电致变温器件数值分析情况来看，原理样机可以在不同背景、不同季节情况下实现长时间的红外特征自动调控。在自动调控实施的过程中，可以使目标温度与背景温度保持一致，在一般天气情况下，目标与背景红外辐射温差一般可控制在 2℃ 以内，可以有效改变目标的红外特性。在极端天气情况下，不利因素较多，目标与背景辐射温差可以控制在 4℃ 以内。从理论分析和试验数据结合来看，热特征控制技术具备在各种天气情况下对目标实现红外特征自动调控和红外变形的能力。

参考文献

[1] 路远，凌永顺，李玉波．地面目标红外辐射及防护研究[J]．电子对抗技术，2003，18(6)：37 – 40.

[2] 路远，凌永顺，胡振彪．地面目标的红外辐射及隐身研究[J]．航天电子对抗，2004，(1)：60 – 62.

[3] 吕相银，凌永顺，李玉波，等．地面机动目标的红外伪装技术探讨[J]．激光与红外，2006，36(9)：893 – 896.

[4] 吕相银，杨莉，凌永顺．半导体制冷表面温度的动态特性[J]．低温工程，2006，(6)：45 – 47.

[5] 冯云松,路远,范彬,等. 一种动态红外隐身技术的实现与分析[J]. 激光与红外,2007,37(6):558-560.

[6] 冯云松,沈佳,路远,等. 基于帕尔帖效应的动态红外迷彩的机理与实现[J]. 红外与激光工程,2012,41(7):1695-1699.

[7] 李玉波,吕相银,吴丹. 地面动目标防止红外成像探测的研究[J]. 半导体光电,2007,28(1):134-138.

内容简介

目标热特征控制技术是一种通过调整目标辐射温度使目标与背景红外特征相融合或者使目标失去本身红外特征的新型红外防护技术。本书分五章围绕着其基本原理和实现方法进行了系统全面的讨论。第1章全面分析了目标红外辐射产生、传输和接收的基本原理和规律;第2章阐述了热特征控制的原理、方法和系统构成;第3章讨论热特征控制变温器件的设计及试验分析;第4章讨论控制系统的工作原理、系统设计和模块构成;第5章讨论目标热控制系统在各种条件下的试验结果和数据分析。

本书适合从事目标红外特征控制、红外探测、侦察与制导以及光电对抗等领域的研究人员阅读和参考,也可作为高等院校相关专业高年级本科生和研究生的参考书。

Brief Introduction

The target thermal characteristic control technology is a new type of infrared protection technology that adjusts the target radiation temperature to fuse the target with the background infrared characteristics or make the target lose its own infrared characteristics. Around its basic principles and realization, the book is divided into five chapters for a systematic and comprehensive discussion. The first chapters comprehensively analyzes the basic principles and laws of target infrared radiation generation, transmission and reception; the second chapters explains the principles, methods and system composition of thermal characteristic control; the third chapters discusses the design and experimental analysis of thermal characteristic control temperature – variable devices; The fourth chapters discusses the working principle, system design and module composition of the control system; the fifth chapters discusses the test results and data analysis of the target thermal control system under various conditions.

This book is suitable for reading and reference by researchers engaged in target infrared feature control, infrared detection, reconnaissance and guidance, and optoelectronic countermeasures, and can also be used as a reference book for senior undergraduates and graduate students in related majors.